清代河務檔案

QINGDAI HEWU DANG'AN

《清代河務檔案》編寫組　編

12

廣西師範大學出版社
GUANGXI NORMAL UNIVERSITY PRESS
·桂林·

第十二册目録

永定河修工册（三）

歲搶修並淤租 隙租 葦租 香火租 部院飯

另案院飯 閑款 建牆心紅修署 六分手土工 添撥歲修

光緒三十一年四月　　日戶庫房承

光緒三十年分收發過庫存各款年終四柱冊底 造送

本道毛

行

光緒三十一年四月十九日

月 日 [illegible]
月 日 送稿
月 日 判行
月 日 送簽
月 日 [illegible]

光緒三十年分收發過歲搶修工程並河淤地租銀兩數目年終四柱冊底

二品銜直隸永定河道毛

呈今將收發過光緒三十年分永定河歲搶修等項工程並河淤地租銀兩數目理

合造具年終四柱清冊呈送須至冊者

今呈

光緒三十年分

舊管

一存光緒二十九年歲搶修節存銀九百三十八兩八錢四分五厘零二絲八忽六微

一存光緒二十八年歲搶修節存銀六十一兩三錢零三厘一毫六絲二忽八微

一存光緒二十七年歲搶修節存銀三十五兩五錢零六厘五毫五絲九忽二微

一存光緒二十六年歲搶修節存銀七十九兩五錢九分零一毫四絲七忽三微

一存淤租銀八百二十二兩七錢九分九厘一毫一絲三忽五微

新收

一收藩庫撥發光緒三十年歲搶修工程銀除減平外

實收銀四萬九千六百七十五兩五錢八分八厘一毫三絲零八微

一收藩庫撥發光緒三十年分備防秸料并加增漴脚工程銀除減平外

實收銀三萬零五百九十七兩四錢七分零六毫

一收運庫撥發光緒三十年歲搶修等項工程銀除減平外

實收銀六千四百四十兩

一收六分平土工項下撥歸銀五千五百五十二兩零七分七厘二毫六絲九忽四微

一收光緒二十九年添撥歲修項下撥歸銀一萬四千四百兩

一收光緒二十九年磚工項下撥歸銀三千四百兩

一收光緒三十年添撥歲修項下撥歸銀四千兩

以上新收光緒三十年歲搶修工程共銀十一萬四千零六十五兩一錢三分六厘

零零零二微

一收整發親兵教習借食米價共銀一百九十四兩

以上新收光緒二十九年歲搶修共銀一百九十四兩

一收霸州解到光緒三十年淤租銀二十兩零一錢六分七厘

一收霸州解到光緒二十九年淤租銀一兩七錢六分一厘

一收霸州解到光緒二十七年淤租銀一兩八錢八分七厘

一收宛平縣解到光緒二十八年淤租銀一兩八錢二分一厘

一收宛平縣解到光緒二十九年淤租銀一兩八錢二分一厘

一收固安縣解到光緒二十九年淤租銀五兩二錢二分

一收固安縣解到光緒三十年淤租銀五兩二錢二分

一收永清縣解到光緒三十年淤租銀五百零五兩三錢四分九厘

一收東安縣解到光緒三十年淤租銀二百五十八兩一錢七分九厘

一收東安縣解到光緒二十九年淤租銀十三兩六錢二分

一收武清縣解到光緒三十年淀租銀一百八十八兩九錢八分七厘二毫

一收武清縣解到光緒二十九年淀租銀二十五兩零一分七厘一毫

一收武清縣解到光緒二十八年淀租銀三十二兩三錢八分零五毫

一收武清縣解到光緒二十七年淀租銀二十五兩八錢一分七厘

一收南五工應解光緒三十年代征永清縣淤租銀五十四兩四錢零五厘

一收北五工應解光緒三十年代征該汛淤租銀一兩七錢三分

一收北七工解到光緒二十七八九三年下宮村地租共銀二百五十七兩六錢七分

以上新收淤租共銀一千四百零一兩零五分一厘八毫

開除

一發五廳領各汛歲防椿料價共銀四萬六千三百三十五兩二錢

一發南岸同知領南二工金門閘捲由椿料價銀四百一十一兩零四分三厘

一發北岸通判領北七工進隄挑水埧椿料價銀六百三十二兩八錢

一發五廳領各汛添蓋並拆蓋汛房工料價銀四百二十九兩八錢七分

一發五廳領各汛加培土工方價共銀一萬六千三百八十二兩三錢三分九厘四毫

一發五廳領各汛挑積土牛方價共銀一千六百三十五兩

一發五廳領各汛大汛防險並搶險共銀四千零八十五兩七錢八分七厘

一發五廳領各汛大汛器具共銀四百六十兩

一發五廳領各汛三成春工兵飯共銀九百六十三兩三錢五分五厘四毫七絲二忽

一發南岸同知領南三下兩汛搶挑土埝隄頂方價銀一百五十兩零二錢九分

一發南岸同知領盧溝司修補南岸石隄工料銀五百一十兩零九錢

一發南岸同知領南四工修補疊道土工方價銀四百四十二兩

一發石景山同知領挑補石景山汛石隄殘缺浪窩土工銀二百二十兩零二錢

一發石景山同知領北下汛添辦椿料價銀六百一十二兩

一發石景山同知領北下汛廂做埽段椿埽手工價銀一百三十三兩七錢四分七厘零七絲五忽

一發北岸通判領北六工加高隄頂椿埽手工價銀六百七十八兩六錢七分四厘八毫

一發都司協守備領採買秫蔴價並運腳川費共銀一千四百三十三兩四錢二分

一發南岸守備領採買雲梯五架並運腳川費共銀六百一十八兩二錢

一發南岸同知領修理衙署工料價銀三百兩

一發河營都司領巡查下口薪水銀五十兩

一發南岸同知領南二工金門閘啟放經費銀四十兩

一發北岸同知領北三工求賢壩啟放經費銀二十二兩

一發南四工領修理南四大公館照壁及歲修工料天棚席片共銀三百一十二兩一錢九分四厘一毫

一發管理德律風司事盧杰領光緒三十年四季薪水伙食工頭銅匠工食共銀三百六十九兩九錢九分一厘

一發石景山同知領石景山汛四季津貼銀六十兩

一發南岸千總張兆清領四季防守減壩津貼銀四十兩

一發隨轅差委文案委員薪水並報水字識津貼共銀一百四十兩零四錢八分五厘

一提大汛三個月辦公津貼共銀四百五十兩

一發五廳領各汛四季備防運腳共銀一萬五千七百七十八兩

一提各役隨汛飯食銀一百兩

一撥另存歲搶修備防秸料並六分平內扣存部院飯冊共銀四千五百八十八兩一錢九分八厘五毫零六忽四微

一發委員赴部投咨首領銀部費司費川費共銀一千六百五十四兩一錢零三厘六毫零四忽七微

一發留支襍用閑款共銀五千零六十七兩零三分零六毫

一撥歸光緒二十九年歲搶修項下借用銀五千兩

以上開除光緒三十年歲搶修工程共銀十一萬零一百零六兩八錢二分九厘五毫五絲八忽一微

一發石景山同知領三十年正月分小學堂教習司事薪水學生伙食等項共銀一百四十二兩五錢

一發候選訓導張載陽領三四兩個月宣講聖諭薪水銀十五兩七錢零八厘

一發防庫馬勇五名領春季加餉銀十七兩七錢四分八厘

一發文案委員車墉等領正二兩個月薪水銀八十二兩二錢八分

一發六房書吏領添置南四大公館科房木器傢具銀六十七兩零八分

一發查看兩岸各汛工程隨轅車馬費並外委兵丁賞犒銀一百五十兩

一撥歸光緒二十九年添撥歲修項下借用銀一百五十兩

一撥歸葦租項下借用銀二百兩

一撥歸香火租項下借用銀二百兩

以上開除光緒二十九年歲搶修共銀一千零二十五兩三錢一分六厘

一發永定河道衙門各役賞犒銀六十一兩三錢零三厘一毫六絲二忽八微

以上開除光緒二十八年歲搶修共銀六十一兩三錢零三厘一毫六絲二忽八微

一發辦理小學堂並養正學堂紙張飯食銀三十五兩五錢零六厘五毫五絲九忽二微

以上開除光緒二十七年歲搶修共銀三十五兩五錢零六厘五毫五絲九忽二微

一發南北岸同知會領十里鋪渡口油艌渡船工料銀三十兩

一發十里鋪辛安庄雙營渡口衩夫領四季工食銀三百兩

一發十里鋪辛安庄雙營渡口衩夫領冬季搭蓋浮橋工料價銀三百六十兩

一發十里鋪辛安庄雙營渡口衩夫領冬季皮衩價銀四十八兩

一發委員領赴永東武三縣提取地租川費銀二十兩零七錢

一撥歸隙租項下借用銀一百兩

以上開除淤租共銀八百六十八兩七錢

寔在

一存光緒三十年歲搶修工程銀三千九百五十八兩三錢零六厘四毫四絲二忽一微

一存光緒二十九年歲搶修節存銀一百零七兩五錢二分九厘零二絲八忽六微

一存淤租銀一千三百五十五兩一錢五分零九毫一絲三忽五微

本道毛 行

光緒三十一年四月十九日

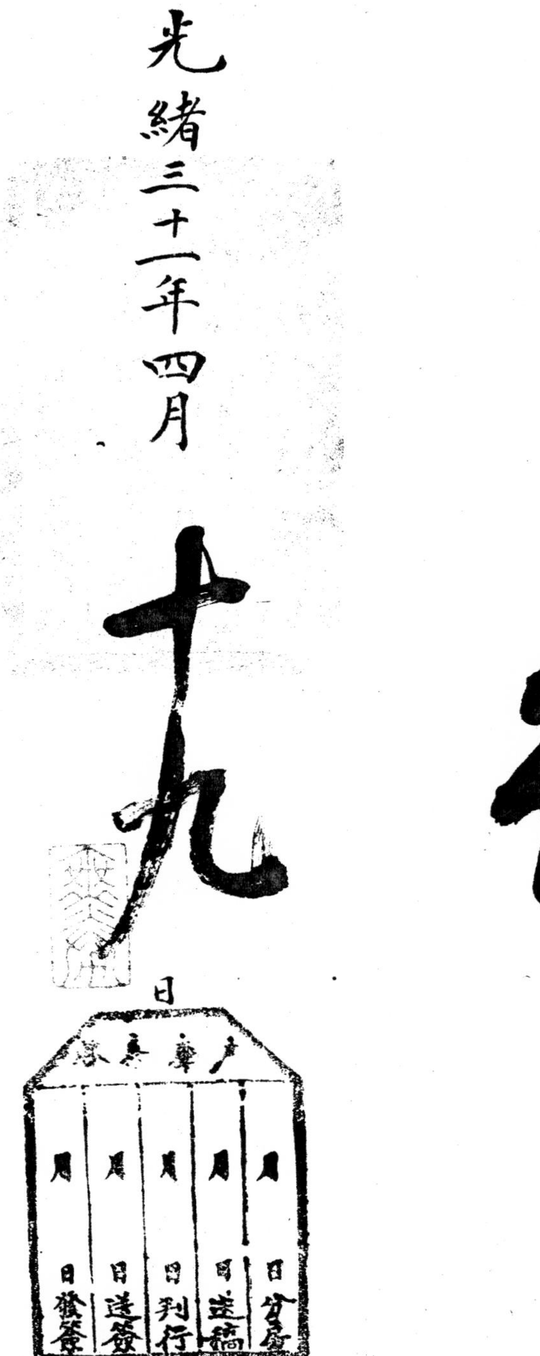

光緒三十年分收發過隙租銀兩數目年終四柱册底

造送

二品銜直隸永定河道毛
呈今將收發過光緒三十年分永定河隙租銀兩數目理合造具年終四柱清冊呈
送須至冊者
今呈
光緒三十年分
舊管
一存隙租銀八十七兩四錢四分零一毫零二忽
新收
一收霸州解到光緒三十年隙租銀五十三兩零二分七厘五毫
一收霸州解到光緒二十九年隙租銀七錢九分零九毫
一收霸州解到光緒二十七年隙租銀一兩四錢零九厘
一收霸州解到光緒三十年南老隄租銀四十一兩七錢四分一厘
一收霸州解到光緒二十九年南老隄租銀二錢四分

一收霸州解到光緒二十七年南老隄租銀三錢零四厘

一收永清縣解到光緒三十年隙租銀三百一十七兩一錢四分七厘

一收永清縣解到光緒二十九年隙租銀九錢六分二厘

一收永清縣解到光緒二十八年隙租銀九錢六分二厘

一收永清縣解到光緒二十七年隙租銀九錢六分二厘

一收東安縣解到光緒三十年隙租銀十七兩八錢二分

一收東安縣解到光緒二十九年隙租銀二十九兩六錢八分六厘

一收北七工解到光緒二十九年遥隄隙租銀三十一兩四錢六分

一收淤租項下撥歸借用銀一百兩

以上新收隙租共銀五百九十六兩五錢一分一厘四毫

開除

一發南岸同知領春夏二季西龍王庙僧人養贍銀二十四兩

一發南岸同知領秋季西庙南下汛兩處義學館師脩膳銀三十兩

一發北岸通判同知領秋季東廟北三工北四工三處義學館師脩膳銀四十五兩

一發三角淀通判領秋季南七工六工三處義學館師脩膳銀四十五兩

一發固安縣兩學會領春夏秋三季稽查義學薪水銀十五兩

一發東西廟義學館師領宣講　聖諭津貼銀二十兩

一發石景山同知領北惠濟廟香資銀十兩

一發北岸通判領本年房舍銀五十六兩

一發工房書吏領刷印渡口告示紙張工料銀十四兩二錢六分

一發光緒三十年四季北洋官報月資銀三十五兩六錢

一發三角淀通判領南七工南老隄地租銀七十九兩七錢四分三厘

一發河營都司領巡查下口兵飯銀二十一兩七錢三分

一發本年秋季增賞各役並轎夫工食銀六十四兩一錢四分一厘一毫

一發大汛隨時派委外委查視各汛工程飯食銀四十兩

一發轅門外委領祭祀　馬神上供銀十二兩

一發工房書吏領刷印河圖工料銀四两九錢零九厘

一發轅門外委赴津遞送公文川費飯食銀十六两二錢

一提發修理 文昌閣羣墻工料銀十一两五錢

以上工開除隙租共銀五百四十五两零八分三厘一毫

寔 在

一存隙租銀一百三十八两八錢六分八厘四毫零二忽

本道毛

行

光緒三十一年四月十九日

月 日分房
月 日送稿
月 日判行
月 日送發
月 日封發

造送

光緒三十年分收發過葦租銀兩數目年終四柱冊底

一收借用光緒二十九年歲搶修項下銀二百兩

以上新收葦租共銀四百八十五兩八錢二分七釐一毫

開　除

一提修理圍墻等處工料價銀一百六十兩

一發南岸同知領西龍王廟南下汛兩處義學春季脩膳銀三十兩

一發北岸同知通判會領東龍王廟北三工北四上汛三處義學春季脩膳銀四十五兩

一發三角淀通判領南六工七工八上汛三汛義學春季脩膳銀四十五兩

一發永定河道衙門增賞各役並轎夫等領夏季工食銀六十四兩一錢四分一釐一毫

一發轅門外委等領赴津遞送公文並出差飯食銀九兩八錢三分七釐

以上開除葦租共銀三百五十三兩九錢七分八釐一毫

實　在

一存葦租銀一百九十八兩七錢五分一釐一毫

二品銜直隸永定河道毛

呈今將收發過光緒三十年分永定河葦租銀兩數目理合造具年終四柱清冊呈送

須至冊者

今呈

光緒三十年分

舊管

一存葦租銀六十六兩九錢零二釐一毫

新收

一收武清縣解到光緒三十年葦租銀一百七十五兩零五分九厘九毫

一收武清縣解到光緒二十九年葦租銀四十二兩八錢九分四厘

一收武清縣解到光緒二十八年葦租銀二十九兩六錢零三厘五毫

一收武清縣解到光緒二十七年葦租銀二十一兩四錢零八厘四毫

一收武清縣解到光緒二十六年葦租銀十六兩八錢六分一厘三毫

本道毛

行

光緒三十一年四月十九日

造送

光緒三十年分收發過香火租銀兩數目年終四柱冊底

二品銜直隸永定河道毛

呈今將收發過光緒三十年分永定河香火租銀兩數目理合造具年終

四柱清冊呈送須至冊者

今呈

光緒三十年分

舊　管

一存香火租銀一百四十二兩零[illegible]分一厘四毫零一忽一微

新　收

一收永清縣解到光緒三十年香火租銀二百零八兩零二分二厘九毫

一收永清縣解到光緒二十九年香火租銀二十四兩三錢二分三厘三毫

一收墊發各役預借食小米價共銀七十兩

一收借用光緒二十九年歲搶修項下銀二百兩

一收光緒三十年西龍王廟香火租銀一百三十二兩八錢二分

一收南五工應解 關帝廟香火租銀六兩

一收南七工應解 文昌閣並于若河香火租銀二十五兩零六分一厘

一收北五工應解 元神廟香火租銀五兩一錢六分

一收北六工應解 龍王廟並田倫田一士香火租銀三十九兩六錢三分六厘

一收北七工應解香火租銀七兩零一分

以上新收香火租共銀七百一十八兩零三分三厘二毫

開除

一發南岸同知領秋冬二季西 龍王廟僧人養贍銀二十六兩

一發南岸同知領歲修 李公祠工料銀二十二兩

一發南岸同知領四季 李公祠祭品並看祠工食銀二十七兩

一發南岸同知領夏冬二季西廟南下汛兩處義學脩膳銀六十兩

一發北岸同知領夏冬二季東廟北三工北四上三處義學脩膳銀九十兩

一發三角淀通判領夏冬二季南六七八上工三處義學脩膳銀九十兩

一提修理衙署工料價銀三百两

一提發本年四季硃油銀二十四两

一發夏季醮龍王廟義學搭盖天棚工料銀十二两

一發五月十三日東郊 關帝廟上供銀八两

一發轅門外委領赴津遞送公文川資銀三十二两

一發固安縣兩學領冬季稽查義學薪水銀五两

一發南北岸巡捕領預借三十一年春季各役等工食銀六十四两一錢四分一厘一毫

一發冬季防庫兵役油薪銀十六两五錢

一發本年料神祠文昌閣馬神祠三處香燭銀三两

一發吏房書吏領辦理大計紙張賞犒銀十六两

一發委員領提取地租川費銀十七两五錢

以上開除香火租共銀八百一十三两一錢四分一厘一毫

實在

一存香火租銀四十六兩九錢四分三厘五毫零一忽一微

本道毛

行

光緒三十一年四月

十九

日

戶 庫 房 承

月 日分房

月 日送稿

月 日判行

月 日送發

月 日發

光緒三十年分收發過部院飯銀兩數目年終四柱冊底

二品銜直隸永定河道毛

呈今將收發過光緒三十年分永定河部院飯銀兩數目理合造具年終四柱清冊

呈送須至冊者

今呈

光緒三十年分

舊管

一存光緒二十九年添撥歲修濬船部飯銀二百四十兩

一存光緒二十六八九等三年添撥歲修濬船院飯共銀一千二百四十兩

新收

一收光緒三十年歲搶修內扣一分部飯銀八百九十兩零一錢三分四釐九毫二絲二忽二微

一收光緒三十年歲搶修內扣院飯銀七百五十二兩

一收光緒三十年六分平土工內扣一分部飯銀五十六兩八錢一分七釐一毫二絲二忽六微

一收光緒三十年六分平土工內扣一分院飯銀五十六兩八錢一分七釐一毫二絲二忽六微

一收光緒二十九年添撥歲修内扣部飯銀二百兩
一收光緒二十九年添撥歲修内扣院飯銀二百兩
一收光緒三十年添撥歲修内扣部飯銀四百兩
一收光緒三十年添撥歲修内扣院飯銀四百兩
以上新收部院飯共銀二千九百五十五兩七錢六分九厘一毫六絲七忽四微

開除

一呈解光緒三十年歲搶修院飯銀七百五十二兩
一呈解光緒三十年六分平土工院飯銀五十六兩八錢一分七厘一毫二絲二忽六微
一呈解光緒二十六至三十等年添撥歲修浚船院飯共銀一千八百四十兩
以上開除院飯共銀二千六百四十八兩八錢一分七厘一毫二絲二忽六微

寔在

一存光緒二十九年添撥歲修浚船部飯銀四百四十兩
一存光緒三十年添撥歲修部飯銀四百兩

一存光緒三十年歲搶修部飯銀八百九十兩零一錢三分四厘九毫二絲二

一存光緒三十年六分平土工部飯銀五十六兩八錢一分七厘一毫二絲二忽六

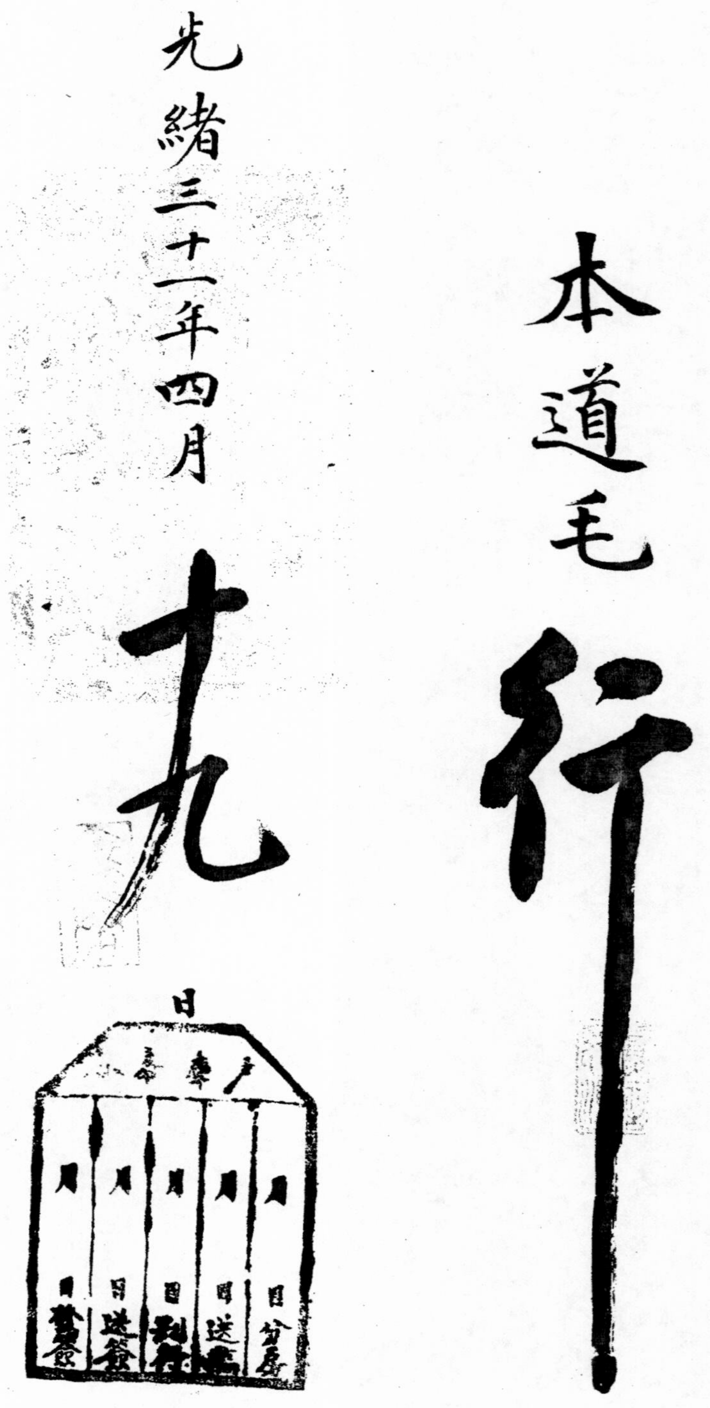

光緒三十年分收發過另案院飯銀兩數目年終四柱冊底

二品銜直隸永定河道毛

呈今將收發過光緒三十年分永定河另案院飯銀兩數目理合造具年

終四柱清冊呈送須至冊者

今呈

光緒三十年分

舊　管

無　項

新　收

一收扣存　憲台衙門河務房書吏光緒三十年四季續增飯食銀一百五

十七兩九錢二分

開　除

一呈解　憲台衙門河務房書吏光緒三十年四季續增飯食銀一百五十

七兩九錢二分

寔在

無項

本道毛行

光緒三十一年四月十九日

造送

光緒三十年分收發過閑款銀兩數目年終四柱冊底

二品銜直隸永定河道毛

呈今將收發過光緒三十年分永定河閑款銀兩數目理合造具年終

四柱清冊呈送須至冊者

今呈

光緒三十年分

舊管

無項

新收

一收光緒三十年閑款共銀六百四十三兩一錢七分零六毫

開除

一呈解 憲台衙門河務房書吏年賞銀五十六兩四錢

一呈解 憲台衙門河務房書吏隨汛飯食銀二十六兩五錢一分

一發南四工領轅門襍支銀三十五兩七錢五分七厘六毫

一發南四工領上堤公宴銀二百兩
一發永定河道衙門户庫房書吏領加添紙張銀十四兩三錢零三厘
一發永定河道衙門六房書吏領隨汛賞需銀一百一十二兩八錢
一發永定河道衙門外委領隨汛賞需銀五十六兩四錢
一發永定河道衙門各役隨汛飯食銀八十四兩六錢
一發五廳書吏領隨汛賞需銀五十六兩四錢

以上開除閑款共銀六百四十三兩一錢七分零六毫

寔在

無項

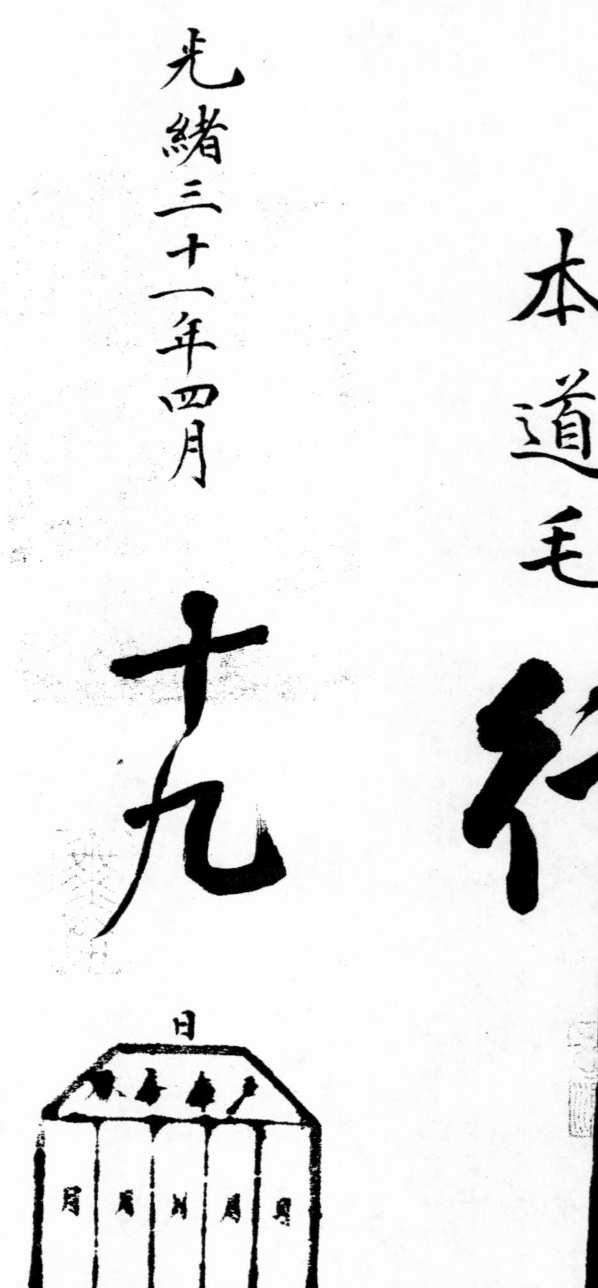

本道毛

行

光緒三十一年四月十九日

光緒三十年分收發過建曠心紅修署銀兩數目年終四柱冊底

二品銜直隸永定河道毛

呈今將收發過光緒三十年分永定河建曠心紅修署等項銀兩數目理合

造具年終四柱清冊呈送須至冊者

今呈

光緒三十年分

舊管

一存建曠並劄飯共銀三十二兩四錢零零二毫七絲七忽五微

一存心紅銀十一兩零零六厘

新收

一收光緒三十年四季兵餉馬乾建曠八成九四平銀三百二十二兩八錢八分一厘二毫二絲四忽

一收光緒三十年四季武職俸薪建曠並缺曠六成銀五十兩零九錢零六厘零七絲六忽

一收光緒二十九年四季兩岸河兵缺曠共銀二十五兩五錢零一厘八毫二絲四忽

一收墊發南岸同知領借運脚銀二百兩

一收墊發南二工預借運脚銀五十兩

一收墊發各廳汛借款修署共銀一千零九十兩零六錢

一收墊發南岸守備預借防汛薪水銀六十兩

一收墊發守協備暨千把總等借支養廉辦公銀三百五十二兩五錢

一收墊發北岸通判借支房舍銀五十兩

一收借用光緒二十九年添撥歲修項下銀一百兩

以上新收建曠並修署共銀二千三百零二兩三錢八分九厘一毫二絲四忽

開除

一墊發石景山同知領北中汛預借運脚修理衙署工料銀二百零七兩

一墊發北岸同知領北二下汛預借運脚修理衙署工料銀一百兩

一墊發三角淀通判領南七工八上八下三汛預借運脚修理衙署工料銀五百三十八兩

一墊發南岸守備借支養廉油飾衙署銀四十兩

一墊發南岸守備領預借養廉辦公銀一百兩

一墊發北岸千總魏和領借支養廉辦公銀三十兩

一墊發北岸協備找領緩扣春季修署銀五兩

一墊發北岸把總宋安瀾領預借養廉辦公銀四十兩

一發北岸協備找領北岸把總宋安瀾截日俸薪銀三兩一錢零二厘

以上開除建曠共銀一千零六十三兩一錢零二厘

寔在

一存建曠並劄飯共銀一千二百七十一兩六錢八分七厘四毫零一忽五微

一存心紅銀十一兩零零六厘

本道毛

光緒三十一年四月

十九

日

造送

光緒三十年分收發過歲搶修内扣六分部平改辦土工銀兩數目年終四柱册底

二品銜直隸永定河道毛

呈今將收發過光緒三十年分永定河歲搶修等項工程內應扣六分部平改辦土工銀兩

數目理合造具年終四柱清册呈送須至册者

今呈

光緒三十年分

舊管

無項

新收

一收藩庫撥發光緒三十年歲搶修等項工程內扣六分部平改辦土工銀五千六百五

十五兩一錢九分九厘二毫六絲九忽四微內除委員

支用司費川費銀一百零三兩一錢二分二厘外

寔收銀五千五百五十二兩零七分七厘二毫六絲九忽四微

開除

一撥歸光緒三十年歲搶修項下借用銀五千五百五十二兩零七分七厘二毫六絲九忽四微

寔　在

無　項

本道毛行

光緒三十一年四月十九日

造送

光緒三十年分收發過添撥歲修經費銀兩數目年終四柱冊底

二品銜直隸永定河道毛

呈今將收發過光緒三十年分永定河添撥歲修工程銀兩數目理合造具年終四柱

清冊呈送須至冊者

今呈

光緒三十年分

舊管

一存光緒二十九年添撥歲修銀一萬四千八百八十八兩三錢零五厘八毫六絲六忽

一存光緒二十八年添撥歲修銀二百二十五兩一錢四分七厘五毫九絲三忽八微

一存光緒二十六年添撥歲修銀七十九兩四錢六分七厘六毫

新收

一收　藩庫撥發光緒三十年添撥歲修銀四萬兩內除扣六分平銀二千四百兩外

寔收銀三萬七千六百兩

一收電報局呈繳外打電報字費洋一元七角核銀一兩二錢二分四厘

以上新收光緒三十年添撥歲修共銀三萬七千六百零一兩二錢二分四厘

一收　藩庫撥發找領光緒二十九年添撥歲修銀二萬兩内扣六分平銀一千二百兩外

寔收銀一萬八千八百兩

一收借用光緒三十年歲搶修項下銀二千五百兩

一收借用光緒二十九年歲搶修項下銀一百五十兩

一收借用光緒二十六年歲搶修項下銀七十九兩五錢九分零一毫四絲七忽三微

一收墊發小學堂司事預借小學堂經費銀四十兩

以上新收光緒二十九年添撥歲修共銀二萬一千五百六十九兩五錢九分零

一毫四絲七忽三微

開除

一發委員赴省請領光緒三十年添撥歲修銀兩司費並川費共銀六百四十兩

一發五廳領各汛協防大汛委員薪水共銀二千九百七十四兩二錢三分五厘

一發南岸同知領南下汛大汛搶險銀三百兩

一發試用縣丞黄式圻領赴各汎繪全河圖川費銀五十三兩八錢七分五
厘一毫八絲一忽八微
一發河營都司領七月分馬勇餉乾銀三十五兩四錢九分六厘
一發德律風司事盧烋領接修南四二工被冲電線經費銀五十四兩二錢
二分九厘
一發河營都司領秋冬二季薰膏親兵薪水並親兵加餉共銀五百
六十兩零四錢
一發北岸通判河營都司會領南二工運料兵飯銀一百零三兩九錢五分
一發委員赴北下南二南四等汎查看被灾各村庄情形薪水並外委探水
川費共銀一百二十六兩七錢二分四厘八毫
一發南岸同知領南二工修建廟宇七成工料銀一百二十四兩六錢二分八厘
一發電報局學生黄駿聲領九月至十二月薪水伙食等項共銀二百九
十八兩八錢六分

一撥另存光緒三十年添撥歲修內扣部院飯冊共銀二千零四十兩

一發南岸同知領冬季大仙堂僧人養贍銀五兩七錢六分九厘二毫

一發盧溝司領秋冬二季防守迎山嘴薪水銀二十八兩八錢四分六厘

一發南岸千總領冬季防守減垻津貼銀九兩六錢一分五厘三毫

一發永定河道衙門六房書吏領修理科房工料銀四百兩

一發河營都司領操演親兵賞犒銀六十兩

一撥歸北下大工項下銀一萬零五百兩

一撥歸光緒三十年歲搶修項下借用銀四千兩

一撥歸光緒三十一年歲搶修項下借用銀一千兩

以上開除光緒三十年添撥歲修共銀二萬三千三百一十六兩六錢二分八厘四毫八絲一忽八微

一發五廳領各汛添辦椿料價共銀三千四百六十九兩四錢七分

一發五廳領各汛添辦加培土方價共銀一千八百七十六兩七錢四分零五毫

一發五廳領各汛添僱椿埽手工價銀二千五百九十兩零八錢五分二厘二毫七絲五忽

一發石景山同知領光緒三十年四季小學堂監督教習司事薪水學生伙食等項

共銀一千五百五十二兩零二分

一發石景山同知領北二上汛修理龍王廟鐵車房工料銀一百三十兩

一發北岸同知通判領北四〔三七〕等三汛修理龍王廟工料價共銀二百三十二兩九錢

一發候補各員領協防凌汛並大汛薪水共銀九百四十兩零五錢一分

一發候補縣丞何乃鎣領春夏二季防守石隄薪水銀六十九兩二錢三分零六毫

一發委員查勘兩岸各汛柳株薪水銀八十九兩七錢六分

一發盧溝司領春夏二季防守迎山嘴薪水銀二十八兩八錢四分六厘

一發南岸千總領春夏秋三季防守減垻津貼銀二十八兩八錢四分五厘九毫

一發河營都司領春夏二季兼管親兵薪水並親兵加餉共銀三百一十四兩二錢

一發候補州判易顯謨縣丞張秉良領四季經理課吏館監督司事薪水共銀二百零六兩五錢六分

一發管理德律風司事盧杰領添辦各汛洋燈並添置材料共銀一百四十八兩一錢四分

一發隨轅委員查看兩岸工程薪水各役飯食共銀九十兩零八錢零八厘四毫

一發河營都司領光緒三十年四季馬勇餉乾共銀三百七十八兩六錢九分四厘

一發候補廵檢唐鴻鈞領三十年夏季看理鐵橋樹藝薪水銀七十八兩五錢四分

一發文案委員候選教諭車壎等三員領三十年三月至六月文案薪水共銀一百六十四兩五錢六分

一發候選訓導張載陽領三十年五月至十二月宣講 聖諭薪水共銀六十八兩九錢三分二厘

一發北岸千總魏和領拘抹文武官廳並吏房工料銀四十一兩七錢

一發道廳房書吏領三十年夏秋冬三季加添紙飯共銀二百四十八兩零七分六厘六毫

一發委員赴省請領光緒二十九年添撥歲修司費並川費共銀四百五十兩

一發南岸同知領南下汛添辦橋料價銀二百二十四兩

一提發候補各員課吏獎賞並茶水點心共銀一百九十三兩

一提發各汛搜捕地羊 獾鼠賞犒銀一百二十兩

一提辦理歷年銷費不敷並川費共銀三百五十兩

一撥歸另存光緒二十九年添撥歲修內和院部飯冊共銀一千零二十兩

一發石景山同知南岸同知領所屬各汛大汛搶險共銀二千二百兩

一發河營都司領採買檾蔴價銀一百八十六兩六錢六分六厘

一發會理德律風司事盧杰領接修南二四兩汛被水沖壞電線工料銀一百二十兩

一提修理衙署工料價銀五百六十兩

一提發大汛期內外委親兵查工飯食銀一百二十六兩一錢八分七厘五毫一絲

一提發置買親兵號衣並課吏館傢具等項共銀五十九兩七錢七分五厘一毫六絲

一發南岸同知領秋季大仙堂僧人養贍銀五兩七錢六分九厘二毫

一墊發委員領三十一年搶修投咨部費並川費銀一百二十八兩二錢

一撥歸光緒三十年歲搶修項下銀一萬四千四百兩

一撥歸建曠項下借用銀一百兩

一撥歸儲備倉項下借用銀三百八十四兩三錢九分六厘

以上開除光緒二十九年添撥歲修共銀三萬三千三百七十七兩三錢

八分零一毫四絲五忽

一發辦理歷年添撥歲修銷費賞犒川費銀一百兩

一發永定河道衙門各役親兵隨赴各汛查工飯食賞犒銀一百二十五兩一錢四分

七厘五毫九絲三忽八微

以上開除光緒二十八年添撥歲修共銀二百二十五兩一錢四分七厘五

毫九絲三忽八微

一發永定河衙門户庫房書吏領辦理收發各款銀兩賞犒紙張銀七十九兩四

錢六分七厘六毫

以上開除光緒二十六年添撥歲修共銀七十九兩四錢六分七厘六毫

寔在

一存光緒三十年添撥歲修經費銀一萬四千二百八十四兩五錢九分五厘五毫一絲八忽二微

一存光緒二十九年添撥歲修經費銀三千零八十兩零五錢一分五厘八毫六絲八忽三微

光緒叁拾叁年拾月　日

收發光緒叁拾肆年歲搶修等項銀兩賬

竇大人任內

光緒三十三年分

十月二十五日

一收　藩庫撥發預借光緒三十四年歲搶修工程銀肆萬兩內除委

員支用一分二厘司費銀四百八十兩又支

用川費銀一百六十兩外

實收銀叁萬九千三百陸拾兩

一撥歸本年歲搶修項下借用銀五千兩

一發下北廳預借光緒三十四年備防銀二百兩

實存銀叁萬四千一百陸拾兩

吳大人任內　十月二十七日

午時接印

十一月初叁日

光緒三十四年歲搶修項下

一發石景山廳領各汛預借來年歲防稭料價銀五千八百兩

一發南岸廳領各汛預借來年歲防稭料價銀一萬五千兩

一發上北廳領各汛預借來年歲防稭料價銀三千八百兩

一發下北廳領各汛預借來年歲防稭料價銀四千二百兩

一發三角淀廳領各汛預借來年歲防稭料價銀三千八百兩

一發都司守備協會領採辦來年縻蔴18万斤先發銀七百兩

一提發採買煤油價銀二百兩

一撥歸三十三年歲搶修項下借用銀五百兩

實存銀壹百六拾兩

十一月十八日

一收借用大工經費項下銀一千兩

一發南岸廳戎領南二四工添辦歲防料價銀一万二千九兩六錢

一發都司守備協戎領採辦來年縻蔴價銀三万九千五兩

實存銀陸万三千五兩肆錢

十二月初三日

一收借用大工經費項下銀一萬五千兩

一發石景山廳辦僱各汛來年歲防秸料價七成銀二千九百四十七兩九錢

一發南岸廳辦僱各汛來年歲防秸料價七成銀六千〇五十六兩七錢

一發上北廳辦僱各汛來年歲防秸料價七成銀一千八百七十四兩二錢

一發下北廳辦僱各汛來年歲防秸料價七成銀二千五百六十七兩四錢四分

一發三角淀廳辦僱各汛來年歲防秸料價七成銀二千一百七十九兩二錢六分

一撥歸搶險費項下墊發南二四兩汛添辦料價銀三百零

實存銀柒百零七兩伍錢

十二月十七日

一收借用三十四年添撥歲修項下銀二萬七千兩

一提　本道庫支來年正月分薪水、備防銀四百六十兩

一發石景山廳續僱各汛一成歲防秸料價銀一千二百四十九兩七錢

一發南岸廳續僱各汛一成歲防秸料價銀三千零〻八兩一錢

一發工北廳價領各汛一歲搶防料價銀八百一十兩零六錢

一發下北廳價領各汛一歲搶防料價銀八百二十三兩九錢二分

一發三角淀廳價領各汛一歲搶防料價銀八百五十四兩一錢八分

一發道廳房書吏領來年春季節廠銀六百五十兩零乂九卜五厘

一發六房書吏等領來年春季加添節廠銀一百四十二兩

一發五廳領書吏來年春季加添廠食銀七十一兩零三分

一發戶庫房書吏沈領來年春季經理庫務津貼銀六十兩

一發戶庫房書吏文領來年春季加賞津貼銀二十四兩

一發防庫書吏二名領來年春季津貼銀二十四兩

一發吏房書吏文領來年春季加賞津貼節廠銀三十六兩

一發河務房書吏領三十四年搶修工程院册銀六百兩

一發河營都司領來春三營字識廳差兵節兆工食銀三十九兩

一發南北岸千總領來春字識工食銀六兩

一發司事芦杰領來年春季薪水銅匠工料工食銀六十兩

一發上北廠領發備各汛來年春季運腳銀三百兩

記扣 一發下北廠領發備各汛來年春季備防銀一百兩

一發三角淀廠領發備各汛來年春季備防銀三百兩

一發經費道署德律風來年春季工食銀六兩

一發電報學生陳天佑領赴津採買電報料物先發銀一百兩

一撥還借用大工經費項下庫平銀一萬六千兩

一撥歸備倉項下借用銀三百兩

實存銀壹千六百八十三兩八錢七分伍厘

十二月十九日

記扣 一發南岸廠領各汛發備來年春季運腳銀六百兩

一發石景山廠領各汛發備來年春季運腳銀二百兩

實存銀捌百八十二兩八錢七分伍厘

光緒叁拾肆年分

二月初二日

一發電報李生陳天佑我厰赴津隨買電報材料石五十七兩六錢八分

實存石捌百二十五兩一錢九分伍厘

二月初六日

一我提 本道應支二月分截日五天倍防石七十六兩六錢六分五厘五毛

又提截日五天一分平餘石五兩一錢六分八厘五毛

實存石柒百四十三兩三錢六分壹厘

寶大人任內 接印 二月十三日

二月二十五日

一收各廳汛領備本年春季運脚共銀一千五百五十兩

一收備用大工經費項下庫平石一萬八千兩

一提 本道應支春季截日四十九天倍防石七百五十一兩三錢三分一厘七毛

又提春季截日四十九天一分平餘石五十兩〇六錢五分一厘三毫

一發五廳領各汛弁閘備防運脚共銀二千五百四十一兩五錢
一發道廳房書吏領夏季帋張飯食共銀六百一十九兩〇八分五釐
一發六房書吏領夏季加添帋飯銀一百四十二兩
一發五廳會領夏季書吏加增飯食銀七十一兩零三分
一發戶庫房書吏沈領夏季經理庫務津貼銀六十兩
一發戶庫房書吏文領夏季加賞津貼銀二十四兩
一發吏房書吏領夏季加添帋飯銀三十六兩
一發防庫書吏二名領夏季防庫津貼銀二十四兩
一發石景山廳領石景山汛春季津貼銀十五兩
一發南四工領本年裝門樑支銀八十五兩七錢五分七釐六毛
一發都司協守備領春季防汛薪水銀二十一兩一錢五分
一發南北岸千把總四弁領春季防汛薪水銀九兩四錢
一發都司協守備領春季加添薪水銀三十九兩九錢
一發南北岸千把總領春季加添薪水銀十七兩八錢八分

一發都司領夏季三營字識執差兵塘汛工食銀三十九兩

一發南北岸千揔領夏季字識兵加添工食銀六兩

一發南岸千揔領春季防守減堤津貼銀十九兩六錢一分五釐三毛

一發佐律汛目事黄杰領春季薪水工食銀六十一兩八錢

一發經理道署佐律汛夏季工食銀六兩

一撥還大工項下墊發南五旱堤添料銀四百零三兩二錢

一發南岸廳戕領各汛尾欠防稭料價銀六千三百六十二兩八錢

一發三角淀廳戕領各汛尾欠歲防稭料價銀一千九百七十七兩七錢六分

一發石景山廳戕領各汛尾欠防稭料價銀三千五百四十三兩四錢

一發上北廳戕領各汛尾欠防稭料價銀一千六百二十八兩二錢

一發下北廳戕領各汛尾欠防稭料價銀一千六百一十二兩八錢四分

實存銀壹千一百二十四兩零六分零一毛

三月十三日

一收　藩庫撥發光緒三十四年歲搶修工程銀五萬三千九百九十

三兩四錢八分六釐一毛六絲內除上年
借撥銀四萬兩外尚應找領銀一萬三
千九百九十三兩四錢八分六釐一毛六絲
內除扣八分平銀　兩外實收銀九千一百
一十四兩〇〇七釐二毛六絲七忽二微又
除扣一分二釐引費銀一百〇九兩三錢
六分八釐〇八絲七忽二微又除委員
支用川費銀一百四十兩外
實收銀八千八百六十四兩六錢三分九釐一毛八絲

一收　藩庫撥發光緒三十四年備防秸料並加增運腳共銀三萬三
千七百兩內除扣八分平銀二千六百九十
六兩外實收銀三萬一千零〇四兩又
除委員支用一分二釐引費銀三百七十
二兩〇四分八釐又除兩淮運司扣款內

和水脚漕费保险费银九十五两二钱

九分五厘外

实收银叁万零五百三十六两六钱五分七厘

一収　藩库拨发光绪三十四年岁抢修等项工程内扣六分部平改发

土工银五千六百八十一两六钱○九厘一毛六

丝九忽六微内除委员支用一分二厘司

费银六十八两一钱七分九厘三毛一丝又扣

两淮运司协款水脚漕费保险费内

扣六分平银五两七钱一分七厘七毛外

实收银伍千六百零七两七钱一分二厘一毛五丝九忽六微

一収　运库拨发光绪三十四年岁抢修工程银七千两

一収大工经费项下拨归库平银九千三百六十七两八钱八分二厘○六丝足微

一収垫发河务房书吏额借本年岁抢修院册银六百两

一发分省补用知州汪延庚领赴津沽领岁抢修银两川费银四十两

一垫发南岸千总宋占澜领赴津採买蔴袋六千条库平银九百三十五两

一发外委刘宝贤、文裕璘会领赴津採买云梯六架先发库平银六百两

一发南岸厅领卢海门南二下三汛购办橛价银五十两

一发协防北岸凌汛委员三十九员每名薪水银十四两共核库平银五百一十两零五钱一分

一发知县方令领巡防南岸各汛凌汛薪水银二十二两四分の下

一发同知陶丞领巡防北岸各汛凌汛薪水银二十二两の分の下

一发职任北岸同知裴锡荣领协防上北厅凌汛薪水银二十二两の分の下

一发外委张似文领协防南岸各汛凌汛薪水银九两三钱五分

一发外委王永立领协防芦海口凌汛薪水银九两三钱五分

一发工北厅领预备夏季运脚银一百两

一发芦人杰领添置沈律风雷缆索尾材料银一百零四两二钱五分

一拨归另存本年岁抢修内应扣存部驳饭册共银四千四百零一两四钱八分六

存九毛五乙六忽五微

一撥歸另存本年六分平土工內應扣存部院飯冊共銀二萬八千九兩七錢六分二厘零六絲七忽四微

實存銀伍萬五千九百八十三兩九錢二分一厘四毫七絲六忽肆微

三月二十日

一發南岸廳領預借本年夏季運腳銀一萬兩

一發南岸廳領借支廬溝司修補石隄工料價銀一千二百兩

一發分省補用知州汪牧領堵截補河北橫滿土埝備工銀一萬兩

一發候補縣丞汪宴清、從九謝慶棠會領巡查兩岸江游柳株薪水共銀二十四兩

實存銀伍萬四千五百五十九兩九錢二分一厘四毫七絲六忽肆微

三月二十四日

一發石景山廳領各汛土工土牛方價七成銀二千一百〇九兩六錢七分〇厘

一發南岸廳領各汛土工土牛方價七成銀六千二百五十兩〇九錢七分六厘三毫〇絲

一發上北廳領各汛土工土牛方價七成銀二千五百七十九兩〇錢三分三厘〇毫六絲忽

一發下北廳領各汛土工土牛方價七成銀二千〇五十三兩七錢一分〇八毫六絲

一發三角淀廳頭各汛土工土牛方價七成銀三千九百五十七两五錢七分六厘六毛三絲

實存銀叁萬七千二百二十八两五錢五分〇一毛八絲一忽肆微

三月二十九日

一發南岸廳頭各汛添備椿埽手七成銀七百五十四两一錢五分九厘五毛一絲〇七微 軍需條 本年手列十

一發三角淀廳頭各汛添備椿埽手七成銀四百九十五两〇〇九厘三毛〇絲五忽六微

一發石景山廳頭各汛添備椿埽手七成銀三百三十一两八錢四分一厘九毛七絲二忽

一發工北廳頭各汛添備椿埽手七成銀二百八十四两二錢八分二厘三毛三絲六忽八微

一發下北廳頭各汛添備椿埽手七成銀一百二十二两八錢五分二厘二毛六絲八忽

一發南岸廳頭南上二下三汛善後土埽七成銀一千三百九十一两〇〇分五厘九毛六絲六忽二微 右硃核 本年預三十

一發南岸廳頭南四工凌汛搶險銀一百八十三两五錢三分

實存銀叁萬三千六百六十五两八錢二分八厘七毛八絲二忽壹微

四月初叁日

一發南四工頭修理大公廠工料價兌發銀二百两

一發河營都司頭本年巡查下口薪水銀五十两

一提发各汛搜捕比年稚鼠赏犒银四十两
一拨归三十四年添拨岁修项下借用银一千两
一拨归三十三年岁抢修项下借用银四百两
一发外委刘宗贤、文裕瑶会同我顾赴津採买云梯价银二百三十一两二钱
一发承发房书吏孟昭惠顾本年夏季加赏津贴银十两
实存银叁万一千七百三十四两六钱二分八厘七毛八丝二忽叁微
四月初八日
一拨归另存项下收　备前道应支春季截旷三天减半备防银四十五两九钱
九分九厘九毛
又拨归截旷三天一分半余银三两一钱〇一厘一毛
一提　本道应支夏季截旷十天减半备防银一百五十三两三钱三分三厘
又提夏季截旷十天一分半余银十两〇三钱三分七厘
一发都司协守备会顾续办麻斤价银六百二十四两
一发分省补用知州汪牧我顾堵截调河头土埝埽工银六十五两一钱

实存银叁万零八百三十二两七钱五分七厘七毛八丝二忽壹微

四月十一日辰时接印

吕大人任内

四月二十九日

一发石景山厅领北下工、北上三汛汛房工料银八十四两

一发南岸厅领各汛汛房工料银一百六十二两

一发上北厅领北二下、北三、北四上三汛汛房工料银九十六两

一发下北厅领北五、北七二汛汛房工料银三十六两

一发三角淀厅领南六、南五两汛汛房工料银一百二十一两

一发上北厅领北二下汛补挑坝埽土方价银二十五两九钱一分八厘二毛

一发南四工厅本年大公馆天棚席片工价银五十两

一发南四工厅修理大公馆工料价银四十两

一发德律风司事芦杰领修配各汛旧洋灯并添配新洋灯银一百三十两〇三分

一发南岸厅领南二工修理金门闸公所银八十两

实存石叁萬〇〇一十七两五分三卜九厘五毛八乙二忽壹微

五月初九日

一、汛南岸上北下三厅领借本年夏季運脚共石二万五千两

一、提本道應支夏季截日八十天领办备防石一千二万二千六百两六分六卜〇厘

又支夏季截日一个月余石八十二两七分〇三厘

一、発五厅领各汛二関备防運脚共石二千五万四千一两五钱

一、発石景山厅领石景山汛夏季津贴石十五两

一、発都司守备协领夏季防汛薪水共石二十一两一分五卜

又发领夏季加添薪水石三十九两九分

一、发南北岸千把總领夏季防汛薪水共石九两〇分

又发领夏季加添薪水共石十七两八分八卜

一、发南岸宋千總领夏季防守减堤津贴石十九两六分一卜五厘三毛

一、发下北厅领北七工修理庙工石八十两

一、发户庫房書吏领本年加添纸张石十四两三分〇三厘

一發愛理德律風并燕價夏季薪水紙張工食共銀一百二十一兩八錢

一發上北廠價北三工求賢堡汛前經費銀十一兩

記和

一發上北廠價額設秋季運腳銀一百兩

一發南四工價本年歲修大公館工料銀六十八兩二錢七分二厘七毛

一發南四工曹汛員價本年土堤公宴銀二百兩

一提本年大汛三個月辦公銀四百五十兩

一發本年秋季一分半余道廠房書吏紙飯等項共銀七百二十二兩一錢二分五厘

一發六房書吏價秋季加添紙飯銀一百四十二兩

一發五廠價書吏秋季加添飯食銀七十一兩〇三分

一發南北岸千總價秋季加添字識兵紙張工食銀六兩

一發南岸廠價南工汛撥運稭料運腳銀七十兩〇五錢八分八厘

一撥歸本年添撥歲修項下備用銀壹千兩

實存銀貳萬三千二百〇十六兩六錢〇八厘五毛八絲二忽壹微

五月二十三日

一發南岸廳戎頭各汛壽工兵飯銀三百四十九兩二錢七分二厘六毛三絲三忽六微

一發三角淀廳戎頭各汛壽工兵飯銀一百二十二兩九錢八分八厘八毛七絲三忽六微

一發石景山廳戎頭各汛壽工兵飯銀一百四十五兩七錢八分一厘二毛八絲

一發上北廳戎頭各汛壽工兵飯銀一百二十六兩四錢七分五厘八毛三絲三忽六微

一發下北廳戎頭各汛壽工兵飯銀九十三兩○一分二厘七毛九絲六忽八微

一發石景山廳戎頭各汛土工方價銀九百零四兩一錢四分六厘

一發南岸廳戎頭各汛土工方價銀二千六百七十八兩九錢八分九厘八毛六絲

一發上北廳戎頭各汛土工方價銀一千一百零五兩四錢七分一厘四毛八絲五忽

一發下北廳戎頭各汛土工方價銀一千零三十四兩零一分八厘九毛○五

一發三角淀廳戎頭各汛土工方價銀一千六百九十六兩一錢零四厘二毛七絲

一發南岸廳戎頭呈請修補南岸石堤工程銀七百九十四兩六錢六分七厘

一發南岸廳戎頭各汛摟埽手埽土銀三百二十三兩二錢一分一厘二毛一絲八忽八微

一發三角淀廳戎頭各汛摟埽手埽土銀二百一十二兩一錢四分六厘八毛六絲二忽○微

一發石景山廳戎頭各汛摟埽手埽土銀一百四十二兩二錢一分七厘九毛八絲八忽

一發上北廳找領各汛搶埽手埽土石一萬二千一兩八分三厘五毫二毛八乙七忽二微

一發下北廳找領各汛搶埽手埽土石五十二兩六分五厘〇九毛七乙二忽

一發石景山廳領北上汛修理廟工石一萬兩零〻九分五厘

一發石景山汛史明領大汛穀永字識津貼石十八兩

一發南岸廳領南四工欽加各廳汛耒種尖窩石九十二兩

一發南岸廳領南上下二三汛善後土埽各工石五百九十七兩四分〇七厘一毛五乙五忽二纖

一發季都司領秋季三營字識船差兵帘炊工食石三十九兩

一提本年大汛期內各役飯食石一百兩

一發各役隨汛飯食石八十四兩六錢

一發六房書吏隨汛賞需工一年石五十六兩四錢

一發外委隨汛賞汛工一年石二十八兩二錢

一發五廳會領書吏隨汛工一年賞需石二十八兩二錢

一發南岸宋千總領防守減壩器具石拾兩

一發石景山廳領備存防險石四百兩

一發南岸廳額備存各汛防險銀六万兩

一發工北廳額備存各汛防險銀四万兩

一發下北廳額備存各汛防險銀四万兩

一發三角淀廳額備存各汛防險銀四万兩

一發南岸廳額各汛防險銀四万四千兩

一發三角淀廳額各汛防險銀一万九千兩

一發石景山廳額各汛防險銀二万四千兩

一發工北廳額各汛防險銀一万七千兩

一發下北廳額各汛防險銀一万六千兩

一發南岸廳額各汛器具銀一万六千兩

一發三角淀廳額各汛器具銀九千五兩

一發石景山廳額各汛器具銀一万一千兩

一發工北廳額各汛器具銀八千五兩

一發下北廳額各汛器具銀六千五兩

一發下北廳領北七工購办川瓶價銀二十兩

一發南岸廳領金門閘啟放經費銀四十兩

一發芦杰領大汛三四月添雇工役二名工食銀二十五兩二錢

一提本年搜捕地手攤派賞犒銀壹百一十兩

實存銀捌千零七十八兩六錢六分〇一毛二七五忽玖微

五月二十七日

一發下北廳領北七工運料腳價銀四十四兩〇錢〇分

一發經理道署法律風秋季工食銀六兩

實存銀捌千零二十八兩二錢二分〇一毛二絲五忽玖微

五月二十八日

一發石景山廳領本年六月下協防大汛委員薪水銀一百二十一兩五錢五厘

一發南岸廳領六月分協防大汛委員薪水銀二百八十七兩九錢八厘

一發上北廳領六月分協防大汛委員薪水銀一百四十七兩七錢三厘

一發下北廳領六月分協防大汛委員薪水銀一百一十四兩零七厘

一發三角淀廳領六月分協防大汛委員薪水銀一百四十二兩一錢二分

一發南北岸協守備領六月分協防南北岸各汛並金門閘求賢壩薪水各併共銀三十七兩四錢

一發候補知縣方令、主簿王喬年、縣丞李延禔、巡檢薛鳳翔領六月分隨轅車馬費各併共銀四十四兩八錢八分

一發候選縣丞姚太晴領六月分隨張大人行轅辦差委薪水銀二十二兩四錢四分

實存銀柒千一百一十兩零三錢五分〇一毛二絲五忽玖微

六月初九日

一收洛撥麻袋項下撥還墊發採買麻袋價銀九百三十五兩

一發分省補用知州汪枚領六月分隨巡南岸各汛薪水銀二十二兩四錢四分

一發南岸廳領南上下二三汛鑲加夯硪價銀六十兩

又發領盧溝司鑲加夯硪價銀十兩

一提發採買桐油二十筒每斤共斤對摘收合銀二十六兩四錢六分三釐

實存銀柒千九百二十六兩一錢四分七釐一毛二絲五忽玖微

六月二十六日

一發石景山廳領北二工汛運料腳價銀四十一兩一錢七分

一发月事芦杰顾瞒买南八工汛添设德律风材料洋一百七十五两

又发顾修配州岸洋灯并添瞒新洋灯洋四十三两二钱五分

一提发採买煤油二十箱价洋二十五两七钱一分三厘

一发三角淀厅债顾备存各汛防险洋六百两

实存洋七千〇四十一两〇一分〇厘一毫二丝五忽九微

七月初二日

一发南岸厅债顾备存各汛防险洋四百两

一发上北厅债顾备存各汛防险洋四百两

一发下北厅债顾备存各汛防险洋三百两

一发芦杰顾瞒办擒修北六五工电线工料价洋一百六十五两

又发我顾擒修南八工汛电线材料洋二十四两四钱九分

一发电报学生陈天佑顾七六两月薪大古银德律风工食洋六两

又发顾修理南八工汛下损坏电杆并工八名工食洋一两六钱

实存洋伍千七百四十三两九钱二分〇厘一毫二丝五忽玖微

七月十四日

一收南岸廳繳回葉倍元領出六月下協防薪水銀二十六兩一分八釐

一發石景山廳領七月下協防薪水並伙食銀一百四十九兩六錢

一發南岸廳領七月下協防薪水並伙食銀三百五十五兩三錢

一發上北廳領七月下協防薪水並伙食銀一百六十六兩四分三釐

一發下北廳領七月下協防薪水並伙食銀一百五十一兩四分七釐

一發三角淀廳領七月下協防薪水並伙食銀一百七十九兩五分二釐

一發補用知州汪牧領七月下總巡南岸各汛薪水銀二十二兩四分〇釐

一發縣丞張泰靖領七月下隨　張大人差委薪水銀二十二兩四分〇釐

一發知縣方令領七月下隨轅差委車馬費銀十一兩二分二釐

一發巡檢薛鳳翔領七月下隨轅差委車馬費銀十一兩二分二釐

一發主簿王喬年領七月下隨轅差委車馬費銀十一兩二分二釐

一發縣丞李延禔領七月下隨轅差委車馬費銀十一兩二分二釐

一發守備余紹煜領七月下巡防南岸各汛薪水銀十八兩七分

一發协備李錫祉領七月下汛防北岸各汛薪水銀十八兩七錢

一發南四工曹汛署領本年伏汛安瀾公宴銀一百兩

一發道廳房書吏裝六外委下一年費需共銀一百一十二兩八錢

實存銀肆千〇百二十七兩八錢二分〇厘一毛二絲五忽玖微

七月十九日

一發南岸廳續領各汛搶險銀五百兩

實存銀叁千九百二十七兩八錢二分〇厘一毛二絲五忽玖微

八月初八日

一收上北廳領借秋季運腳銀五十兩

一收下北廳領借秋季搶防銀五十兩

一收借用添撥另案項下銀二千兩

一提　本道應支秋季搶防運腳銀一千三百八十兩

一發石景山廳領各汛三閏運腳

一發南岸廳領各汛三閏運腳

一發工北厰額冬汛三関運脚银

一發下北厰額冬汛三関備防银

一發三角淀厰額冬汛三関備防银

一發石景山厰額石景山汛秋季津贴银十五两

一發都司額秋季防汛並加添薪水银二十两〇三分五下

一發守備額秋季防汛並加添薪水银二十两〇三分五下

一發協備額秋季防汛並加添薪水银二十两〇三分五下

一發南北岸千把總額秋季防汛薪水银九两四錢

一發南北岸千把總額秋季加添薪水银十七两八分八下

一發南岸千總額秋季防守減堤津贴银十九两二不一分五厘三毛

一發石景山厰額預備冬季運脚银一万两

一發廿户烝額化律夙薪水工食共银一万二十一两八分

一發三角淀厰額各汛大汛搶險银二万两

一報發採買煤油二十筒不刈核银二十五两二不八下

一發六房書吏飯加賞隨汛薪廠銀一百兩

一發轅門外委飯加賞隨汛薪廠銀一百兩

一發五廳房書吏飯加賞隨汛薪廠銀五十兩

一發防庫書吏二名飯菜酒賞犒銀八兩

一發號房戈什把門馬傘等飯菜酒賞犒銀四十兩

一發教習秋兵船差茶炉掃地夫轎夫等飯菜酒賞犒銀三十二兩

一發兵班頭目等飯菜酒賞犒銀八兩

一發軍皂鑼夫鼓手等飯菜酒賞犒銀十二兩

一發六房書吏飯三汛菜酒　料神祠戲價供獻酒席銀一百五十兩

一發北三泰南一芦南四書汛員等飯菜酒戲價供獻公宴銀五百兩

寔存銀伍百三十六兩二錢九分八厘八毛二絲五忽玖微

八月二十八日

一收借用北三工求賢堤經費項下庫平銀三千兩

一發石景山廳領八月下協防各汛委員薪水伙食銀一百三十五兩五錢七分五厘

一發南岸廳領八月份協防各汛委員薪水伙食石三百○八两五錢五分

一發工北廳領八月份協防各汛委員薪水伙食石一万五十七两○八分

一發下北廳領八月份協防各汛委員薪水伙食石一百三十二两七錢七分

一發三角沱廳領八月份協防各汛委員薪水伙食石一万六十两○八錢

一發補用知州汪延庚領八月份總巡南岸各汛薪水石二十二两四錢四分

一發孫丞佐太靖領八月份隨佐大人差委薪水石二十二两○錢○分

一發方恩培 薛凤翔 王齐年 李延祖領八月份隨轅差委車馬費石四十四两八錢八分

一發守協備領八月份巡防南北岸各汛薪水石三十七两○錢

一發固安典史周壽祠 把總佐錦魁領大汛三个月防庫薪水石四十四两八錢八分

一發北岸魏千總領大汛三個月防庫薪水石二十二两四錢四分

一發南岸廳我領南下汛添办土工三成石四万零四两七錢三分

一發南岸廳領秋汛安瀾 大王廟戲價石一万五十两

一發都司領三营字識船差兵冬季份工食石三十九两

一發通廳房冬季份飯食銀七百一十二两一錢二分五釐

一發六房書吏領冬季加添飯食銀二百四十二兩

一發五廳領冬季書吏加增飯食銀七十二兩〇三卜

一發南北岸千總領冬季加添字識工食銀六兩

實存銀玖百二十二兩一錢三分八厘八毛二系五忽玖微

九月初八日

一發南四北三南二工會領本年高湖獻價銀二百七十兩

一發南岸廳幫領協防南上葉倍元六月半個月薪水銀六兩五錢四卜五厘

實存銀六百四十五兩五錢玖分三厘八毛二系五忽玖微

九月十五日

一收三角淀廳繳回備存各汛防險銀一百兩

一收下北廳繳回備存各汛防險銀一百兩

一收借用求賢與經費項下庫平銀五千兩

一發南岸廳領南二工上汛秋工添辦揩料價九成銀二千六百三十五兩七錢九分一厘二毛

一發三角淀廳領南叁秋工添辦埽料價七成銀四万二十四兩四錢八分

一發石景山廳領北二上汛秋工添辦埽料價七成銀八万一十二兩七錢

一發上北廳領北三工秋工添辦埽料價七成銀一万六十九兩四錢

一發南岸廳領款備運腳銀二万兩

一發南岸廳領等款修理衙署銀一万兩

一發南岸廳領南四工修理西龍王廟工料銀八十兩

實存銀壹千四万二十三兩二錢二分二釐六毛二絲五忽玖微

十月初六日

一發上北廳領修補東廟禪房工料價銀十八兩四錢五分九釐

一撥還借用本年添撥歲修項下銀六万兩

實存銀捌万零四兩七錢六分三釐六毛二絲五忽玖微

十月十六日

一收借用光緒三十五年歲搶修項下庫平銀一萬八千兩

一撥還借用求賢垻經費項下庫平銀八千兩

一發南岸廳找領南上二三汛秋工添辦稭料價銀一千一百一十七兩七錢八分四厘八毛

一發三角淀廳找領南六工秋工添辦稭料價銀一百九十三兩六錢八分

一發石景山廳找領北二工汛秋工添辦稭料價銀三百四十六兩七錢一分六厘

一發工北廳找領北三工秋工秋工添辦稭料價銀一百二十一兩二錢

一發南岸廳找領南二工三汛秋工補做埽段夫工七成銀九百零一兩二錢三分九厘九毛五絲五忽

一發三角淀廳找領南六工秋工補做埽段夫工七成銀一百八十一兩三錢四分八厘八毛六絲

一發石景山廳找領北二工汛秋工補做埽段夫工七成銀二百四十兩零四錢四分八厘九毛零一忽

一發工北廳找領北三工秋工補做埽段夫工七成銀三十六兩七錢二分五厘三毛〇〇忽

又發領北三工價添埽段兵餉銀五兩四錢八分六厘五毛八絲

一提發採買煤油十箇共核銀十二两六錢六分

實存銀柒千六百四十七两四錢七分三厘二毫二絲五忽玖微

十月二十三日

一發南岸廳承領各汛大汛搶險銀三百八十六两八錢五分九厘

一發三角淀廳承領南六五两汛大汛搶險銀七百四十五两四錢〇分〇厘二毫七絲

一發石景山廳承領各汛大汛搶險銀五十九两二錢三分五厘〇毫

一發上北廳承領各汛大汛搶險銀四百六十六两八錢九分九厘

一發下北廳承領北七北五大汛搶險銀一百〇八两九錢一分八厘

實存銀伍千八百八十两〇錢一分七厘五毫五絲五忽玖微

十一月初七日

一收各汛應繳大汛防險銀一百三十两〇五錢八分八厘七毫四絲

一收石景山廳額徵冬季運腳銀一百两

一收南岸廳額徵冬季運腳銀一百两

一收上北廳額徵冬季運腳銀五十两

一汛下北廠額設冬季備防石五十兩

一提 本道應支冬季額辦備防石壹千三百八十兩

一發石景山廠領各汛尾閘運腳石三百五十四兩四錢五下

一發南岸廠領各汛尾閘運腳石五百五十九兩五錢

一發上北廠領各汛尾閘運腳石三百五十五兩九分五下

一發下北廠領各汛尾閘備防石二百〇五兩五分二下五毫二毛六乙

一發三角淀廠領各汛尾閘備防石二百四十四兩九錢八下四毫

一發石景山廠領冬季石景山汛津貼石十五兩

一發都司 協守備領冬季防汛薪水石二十一兩一分五下

一發南北岸千 把總領冬季防汛薪水石九兩四分

一發都司 協守備領冬季加添薪水石三十九兩九分

一發南 北岸千 把總領冬季加添薪水石十七兩八錢八下

一發南岸千總領冬季防守減壩津貼石十九兩六分一下五毫三毛

一發佐雜同事領冬季薪水飯食工錢工食石一百二十一兩八分

一發工北廳屬北四工汛搶做埽段兵餉銀一百一十七兩七錢八分零八絲

一發經費道署佐律風冬季工食銀六兩

一發置買洋紗洋布手皮等項苫物洋元核銀六十六兩〇九分五厘

一發採買煤油柴薪衍代核庫平銀五十一兩零六錢八厘五毫 按九核再扣 銀十升

實存銀壹千九百〇三兩五錢一分七厘〇毫一絲五忽欠微

十一月十一日

一呈解本年四季河務房書吏續增飯食銀一百五十七兩九錢二分

一呈解本年河務房書吏年賞銀五十六兩四錢

一呈解本年河務房隨汛飯食銀二十六兩五錢一分

實存銀壹千六百六十三兩六錢八分七厘〇毫一絲五忽欠微

十一月二十一日

一發南岸廳屬南上二三汛秋工添辦楷埽兵餉 三成 軍需平核庫平銀三百八十六兩二錢四分五厘六毫九絲五忽

一發三角淀廳屬南六工秋工添辦楷埽兵餉 三成 軍需平核庫平

一發石景山廳承辦北二工汛秋工添辦秸埽等兵廠 三成 軍需平 核庫平
〥七十七兩七錢二分〇九毛〤絲

一發上北廳承辦北三工秋工添辦秸埽等兵廠 三成 軍需平 核庫平〥
〥一百零三兩零四分九釐五毛二絲九忽
十五兩〨錢三分九釐〤毛一絲六忽

一發南岸千總修補欄杆木板工料〥十兩〇六錢六分

實存〥壹千〇六十九兩一錢七分一釐八毛三絲五忽 坎徹

光緒三十四年分

一存光緒三十三年歲撥修費存銀伍百九十四兩零〻〻七厘三毛八絲一忽柒微

二月初二日

一發候補同知范丞頌堃 部呈解繳費銀兩川費銀八十兩

又發設文掣批費銀二十兩

實存銀肆百九十四兩零〻〻七厘三毛八絲一忽柒微

二月初六日

一發五廠會顧辦理更新銀四百兩

實存銀玖拾四兩零〻〻七厘三毛八絲一忽柒微

賓大人任內

二月二十五日

一收石景山廠發借本年春季運脚銀六十二兩五錢

一收南岸廠發借本年春季運脚銀五十兩

實存銀貳百零六兩五錢〇七厘三毛八絲一忽柒微

四月初叁日

一收借用三十四年岁抢修项下银四百两

一发五厅领本年办理 吕大人更新银四百两

实存银贰百〇六两五钱〇七厘三毛八丝一忽柒微

四月初八日

一提本年凌汛安澜视兵各役赏犒银一百五十两

实存银伍拾六两五钱〇七厘三毛八丝一忽柒

吕大人任内

五月初九日

一收石景山厅领借夏季运脚银六十二两五钱

一收南岸厅领借夏季运脚银五十两

实存银壹百六十九两〇〇七厘三毛八丝一忽柒微

八月初八日

一收石景山廳預借秋季運脚銀六十二兩五錢

一收南岸廳預借秋季運脚銀五十兩

實存銀貳百八十一兩五錢〇七厘三毫八絲一忽柒微

九月初八日

一發修理署内　大仙堂瓦匠工料價銀三十兩〇七錢四分三厘

又發木匠工料價銀七兩八錢三分一厘

一發置買吏舖炕席洋布等物銀四兩五錢五分五厘

實存銀貳百三十八兩三錢七分八厘三毫八絲一忽柒微

十月十六日

一提發攤做鉄匕文紙銀五錢二分六厘

一提發署内各處項棚席帳工料銀二十五兩五錢五分

一發工房書吏領修理署外圍牆吏舖工料銀五兩三錢五分

一提發操演秋兵獎賞並加賞銀五十五兩七錢六分

實存銀壹百五十叁兩一錢九分二厘三毫八絲一忽柒微

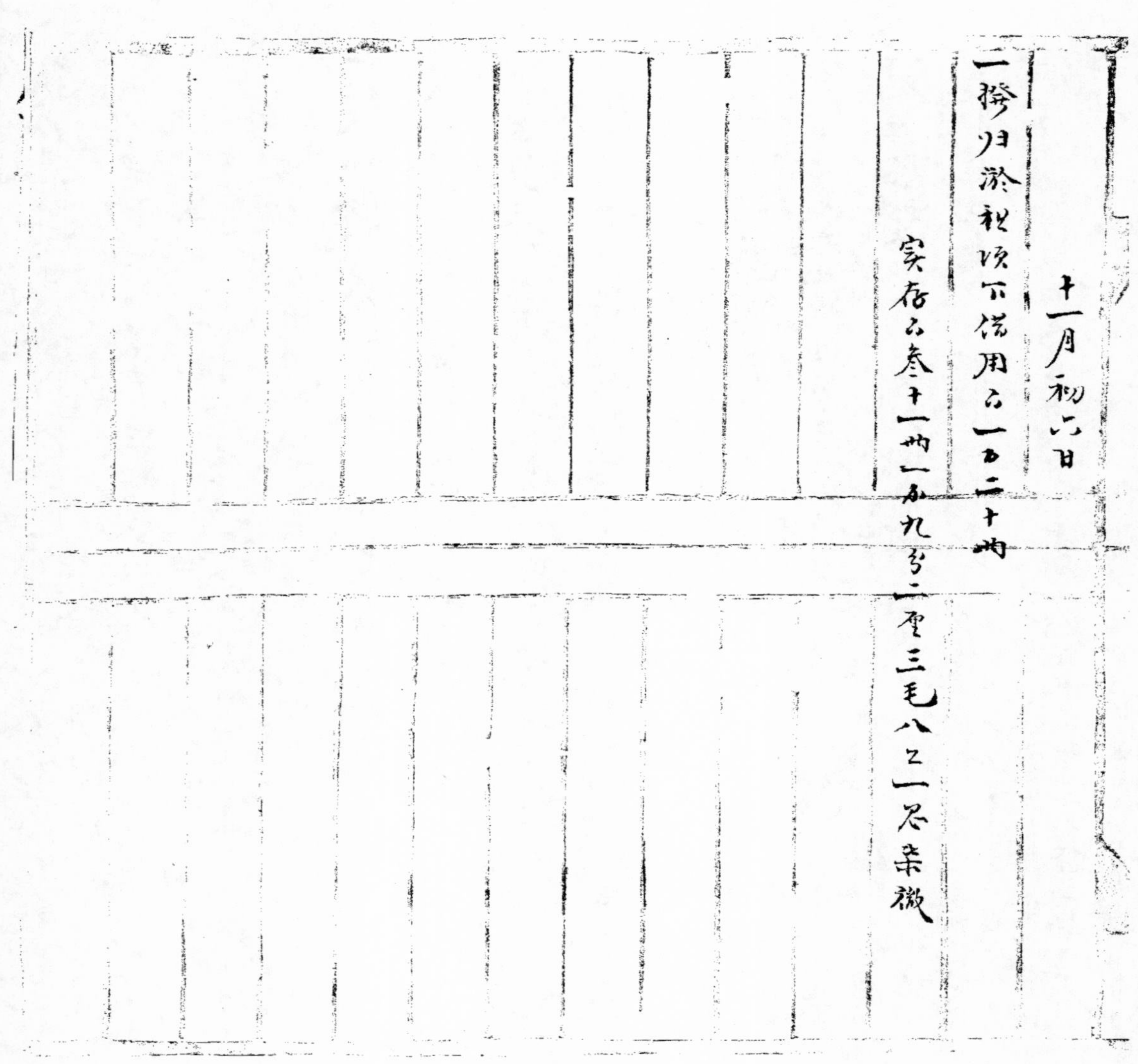

十一月初六日

一撥歸於祀項下備用銀一百二十兩

實存銀叁十一兩一錢九分二釐三毛八絲一忽柒微

光緒三十四年分

一存光緒三十二年歲搶修節存銀兩二錢七分一厘七毛一絲九忽撥繳

光緒三十三年分

十二月十七日

一收　藩庫撥發光緒三十四年添撥歲修銀四萬兩內扣六分平餘

二千四百兩又除委員支用一分二厘公

費銀四百八十兩又支用川費銀一百六十兩外

實收銀叁萬六千九百陸拾兩

一撥歸另存三十四年添撥歲修內扣部院飯冊費銀二千零四十兩

一撥歸三十四年歲搶修項下借用銀二萬七千兩

一撥歸三十三年歲搶修項下借用銀三千五百兩

一撥歸三十三年添撥歲修項下借用銀一千兩

一發庫工房書吏等本年春季加添飯食銀六十三兩四錢六分一厘五毛

一發五廳會辦書吏來年春季加添飯食銀十九兩二錢三分〇七毛

一發補用縣丞芮鍾琦辦來年正月份文案薪水銀二十八兩七錢〇下

本年添撥歲修項下

一發從九吳塤領正月分帮辦文案薪水銀十九兩一錢六分

一發附生刘鍾英領正月下汛發內分薪水銀九兩五錢八分

一發電報學生陳天佑領來年正月分薪水局役工食銀六十四兩三錢二分

又發領來年正月下南五公所汛添雇工役二名工食銀十二兩四錢

一發分省補用知州汪牧領來年正月分兼辦文案津貼伙食銀四十七兩九錢

一發南岸廳領南二工金門閘積田椿料價先墊七成銀三百〇四兩六錢四分

一發河營都司領來年春季三個月防庫親兵津貼銀二百五十二兩

又發領新添防庫親兵三名預借來春津貼銀十二兩六錢

實存銀弍千五百八十五兩九錢六分七厘捌毛

光緒叁拾肆年分

二月初二日

一發分省補用知州汪牧領二月分兼辦文案津貼伙食銀四十七兩九錢

一發孫丞萬鍾琦領二月分文案薪水銀二十八兩七錢四分

一發從九吳瑞領二月分都辦文案薪水銀十九兩一分六釐

一發刘鍾英領二月分收發內外薪水銀九兩五分八釐

一發院署年節犒賞銀八十兩

一發專差赴津往來遞送公文川費銀三十四兩

一發購買德律風匣一只赴天津接線銀五十四兩

一發親兵正副哨長教習等領正月分加賞銀十二兩

一發馬勇哨官領正月分加賞銀四兩

一發馬勇五名領正月分大建油干銀三十六兩

一發記名外委五名領正月分加餉銀七兩

一發戈什四名領正月分加賞銀五兩六分

一發挑水掃地傘扇等夫領正月分加賞銀六兩二分

一發洋號號目領正月分加賞銀二兩

一發候補兵孫方全領正月分隨轅差委薪水銀二十九兩九分二釐

一發坐津辦差楊蔭芝領春季津貼銀二十四兩

竇大人任內

一發南岸宋千總領修補鋼橋工程銀九兩三錢一分五釐

一發戶庫禮房領每年辦理小學堂春正季堂席伙賞犒銀一百二十兩

一發電報委生陳天佑領二月分薪水工食銀六十四兩三錢二分

又領二月分南五分汛添雇工役二名工食銀十二兩四錢

實存銀壹千九百七十九兩八錢三分二釐捌毫

二月二十五日

一發南岸廠領春季天王廟從人春賞銀十五兩

又發領南四大仙堂從人春賞銀五兩七錢六分九釐二毫

一發河營都司領春季兼發親兵薪水銀二十四兩

一發北岸協備領春季幫發親兵加賞銀十二兩

一發庫工房領夏季加飯帋張銀六十三兩四錢六分一釐五毫

一發五廠會領夏季書吏帋張銀十九兩二錢三分〇七毫

一發本年二三兩個月辦理收發局号薪水銀二十兩

一發芦滿月領事李防守迎山嘴薪水銀十四兩四分二厘三毫

一發分府補用知州汪牧領三月下兼辦文案津貼伙食銀四十七兩九木

一發陳天佑領三月分薪水局稅工食銀六十四兩三錢二分

又發領三月下南坌五兩汛添雇工役工食銀十二兩四錢

一發本年二月下經理署內大仙堂香火工食銀十兩

又發二月下經理馬神祠香火工食銀四兩

一發分府方令領二月下隨轅差委薪水銀二十九兩九錢二分

一發記名外委五名領二月下加賞銀七兩

一發戈什哈領二月分加賞銀五兩六錢

一發能承倚也友洋号改哲領二月分加賞銀八兩二錢

一發馬勇哨官李法升領二月分加賞銀四兩

一發馬勇五名領二月分小建餉干銀三十四兩八錢

一發親兵正副哨長教習等領二月分加賞銀十二兩

一發石景山廳領北下汛修理衙署工料價銀一百兩、

一發南岸廳領麥佑北運河隄工車馬費銀二十八兩七錢

一發南岸廳戒領南二工金門閘挑由挑料並挑帚手兵飯共銀二百

六十三兩五錢二分四厘四毫八絲

一發都司領本年夏季防庫欵兵津貼銀二百五十六兩二錢

一提本年辦公經費不敷銀二百五十兩

實存銀陸百六十七兩三錢八分三厘九毫弍絲

三月十三日

一發多孫安令領三月分隨轅差委薪水銀二十九兩九錢二分

一發馬勇哨官李代升領三月分加賞銀四兩

又發領馬勇五名三月下小建尚手銀二十四兩八錢

一發轅門記名外委五名領三月下加賞銀七兩

一發弋什哈四名領三月下加賞銀五兩六錢

一發轎水帰他傘扇夫共領三月下加賞銀六兩二錢

一發洋号代目楊化南領三月下加賞艮二两

一發北名外委王壽朋領二三两月加賞艮二两八钱

一發親兵正哨副哨各教習領三月下加賞艮十二两

一發經理署內 大仙堂三月分香火工食艮十两

一發經理 馬神祠三月分香火工食艮四两

一發天津府報局委生愛廷珍領春季津貼艮十二两

一發南北岸千總宋南潮和會領祭祀 馬神戲價艮二十两

實存艮叁万三十七两〇六分三厘九毛弍丝

三月二十四日

一發候選知縣林耀祖領本年二三两月文案薪水艮五十七两〇钱八分

一發候補州吏目王寶慶領二三两月幫辦文案薪水艮三十八两三钱二分

實存艮弍千〇十一两二钱六分三厘九毛弍丝

四月初三日

一收三十四年號捐修項下撥还借用艮一千两

一發電報學生陳天佑領四月下薪水節賞銀六十四兩三錢二分

又發領四月下南五台兩汛塗鹿工程二名工食銀十二兩四錢

一發省補用知州汪牧領四月下兼辦文案津貼伙食銀四十七兩九錢

一發候選知縣林濯祖領四月下辦理文案薪水銀二十八兩七錢四分

一發候補州吏目王宝慶領四月下幫辦文案薪水銀十九兩一錢六分

一發候補知縣方恩倍領四月下隨轅差委薪水銀二十九兩九錢二分

一發本年四月下辦理汛营內外薪水銀十兩

一發本年四月下經理　天仙宮香火工食銀十兩

一發本年四月下經理　馬神祠香火工食銀四兩

一發親兵正副哨長教習領四月下加賞銀十二兩

一發馬勇哨官李化升領四月下加賞銀四兩

一發馬勇五名領四月下大建餉干銀三十六兩

一發轅門記名外委六名領四月下加賞銀八兩四錢

一發戈什哈四名領四月下加賞銀五兩六錢

一發桃水埽地各夫鹽菜銀目前領四月下加賞銀八兩二錢

一發本年二三兩月營內外委秋兵出差川費銀四十八兩

一發隨轅轎夫銀目領二三兩個月加賞銀六兩

一發南岸宋千總領赴津採買藤袋川費銀二十二兩四錢四分

一發外委劉宗賢、文裕瑞會領赴津採買芸樣薪水銀二十四兩

實存銀捌千三十八兩一錢八分三厘九毛弍乙

四月初八日

一發駐津辦差楊蔭苞領本年夏季津貼銀二十四兩

一發省城辦差樊兆熊領本年夏秋二季津貼銀十二兩

一發前北四上汛陳維恒領四月分稽查委員薪水銀九兩三錢五分

實存銀柒百六十二兩八錢三分三厘九毛弍乙

呂大人任內

四月二十九日

一發巡檢薛鳳翔領四月分帮办文案薪水银十三两四钱四分

一發主簿王喬年領四月分办理收發薪水银十五两三钱六分

一發縣丞李延禧領四月分帮办收發薪水银十一两五钱二分

一發鹽大使嚴道治領四月分發理庫務薪水银十五两三钱六分

一發候選主簿汪志銳領四月分帮發庫務薪水银十三两四钱四分

一發縣丞汪晏清領赴盧濟引監視石工薪水银十三两〇九分

一發主簿郭志琦領赴南五工監視搶埽薪水银十三两〇九分

實存银陸百九十七两五钱三分三厘九毛贰丝

五月初壹日

一收巡津龍差楊蔭棠繳回夏季津貼银二十四两

一發駐津差弁董作霖領本年夏秋二季津貼银二十四两

實存银陸百九十七两五钱三分三厘九毛贰丝

五月初九日

一收借用本年息款修防项下银壹千两

一發首補用知州汪牧欵五月分辦理文案薪水銀四十八兩

一發巡檢薛鳳翔欵五月分幫辦文案薪水銀十三兩四錢四分

一發主簿王喬年欵五月分辦理收發薪水銀十五兩三錢六分

一發縣丞李廷禔欵五月分幫辦收發薪水銀十一兩五錢二分

一發鹽大使嚴道治欵五月分管理庫務薪水銀十五兩三錢六分

一發主簿汪志啟欵五月分幫辦庫務薪水銀十三兩四錢四分

一發電報陳天佑欵五月分薪水局役工食銀六十四兩三錢二分

又發欵五月分南五分所汛添雇工頭二名工食銀十二兩四錢

一發南岸廠欵夏季 大王廟從人養贍銀十五兩

又發欵夏季 大仙堂從人養贍銀五兩七錢六分九厘二毛

一發知縣方令欵五月分隨營差委薪水銀二十九兩九錢二分

一發都司欵夏季兼管親兵薪水銀十九兩二錢

一發陳維垣欵五月分稽查委屯薪水銀九兩三錢五分

一發幫教習王柱欵四月分薪水銀四兩

一發工房領修理內閣吏舖工料銀四兩

又發領馬號房柵欄工料銀七兩零五分八釐八毛

一發庫工房領秋季加添帋張銀六十三兩四錢六分七釐五毛

一發五廳領秋季書吏加添飯食銀十九兩二錢三分〇七毛

一發都司領五月分大建馬勇口糧銀三十六兩

一發協備領五四兩月帮帶親兵津貼銀七兩六錢八分

一發盧濂司領夏季防守近山嘴薪水銀十四兩四錢二分三釐

一發孫丞兆泰靖領隨張大人川資耗羨薪水銀二十三兩〇四分

實存銀壹千二百〇十五兩五錢五分〇釐七毛貳絲

五月二十三日

一發都司領親兵哨官正副哨長教習洋號頭目等六名五月分薪水共銀九兩九錢二分一釐

一發工房書吏領估修聯房工料銀二十一兩一錢七分

實存銀壹千二百一十〇兩〇錢七分三釐七毛貳絲

五月二十七日

一發都司領秋季防庫現兵津貼銀二百五十六兩二錢

一發工房書吏領估修署後更房一間工料銀十二兩六錢四分

一發幫教習王桂領五月分薪水銀四兩

實存銀玖万〇十一兩六錢三分三厘七毛二忽

六月初九日

一發司首補用知州汪牧領六月分文案薪水銀四十八兩

一發巡檢薛鳳翔領六月分幫辦文案薪水銀十三兩四錢四分

一發主簿王啓年領六月分辦理收發薪水銀十五兩三錢六分

一發縣丞李延禔領六月分幫辦收發薪水銀十一兩五錢二分

一發鹽大使嚴道治領六月分管理庫務薪水銀十五兩三錢六分

一發主簿汪志觀領六月分幫辦庫務薪水銀十三兩四錢四分

一發電報陳天佑領六月分薪水局費工食銀六十四兩三錢二分

又領六月分南五六兩汛添雇工號工食銀十二兩四錢

一发北岸协备饷六月下帮带亲兵薪水银三两八钱四分

一发先锋方令饷六月下随员差委薪水银二十九两九钱二分

一发前营四哨张继垣饷六月下稽查委员薪水银九两三钱五分

一发帮教习饷王桂兆六月下薪水银四两

一发都司饷六月下亲兵哨官正副哨长教习洋号头目廿六名薪水两百九两

九分二厘厘

一发天津官报局电话司事饷夏季津贴银十二两

实存银陆百七十八两七钱七分二厘七毛弍乙

六月二十六日

一发候选知县陈常饷六月下文案兼书记薪水银十九两二钱

一提发购买猎枪皮带警笛共银十七两九钱四分六厘六毛

一提发购买铜水枪及收拾轧条司枪内机簧银八两六钱一分

一发都司饷六月下小建马勇五名薪水银三十四两八钱

一提发购买誊写板一副价银九两一钱

一發候補縣丞黃式圻領赴州岸察看情形繪全河圖車馬費銀三十七
兩四錢

又發領繪圖薪水銀二十二兩四錢四卜

一撥發打做木水筒凳子工料銀十一兩四分三卜

實存銀伍万一十七兩八分四卜六筆一毛弍乙

七月十四日

一發汪延庚 王蔭年 嚴道治 薛鳳翔 李延禧 汪志頎領七月下薪水共銀一万一十七兩一分二卜

一發縣丞陳常領七月下文案兼書記薪水銀十九兩二分

一發電報委生陳天佑領七月下薪水局費工食銀六十四兩三分二卜

又發領七月下添雇工頭工食銀十二兩四分

一發協修李錫祉領七月下幫辦稅兵薪水銀三兩八分四卜

一發知縣方令領七月下隨轅差委薪水銀二十九兩九分二卜

一發陳維恆領七月下稽查局委薪水銀九兩三分五卜

一發郭教習王柱領七月下薪水銀四兩

一發都司領七月分大建馬干洋平石三十六兩

一發都司領七月分秋兵哨夜等薪水石九兩九錢一分一厘

一提發修理衙署工料銀石三十二兩九錢七分七厘

實存石壹百七十八兩八錢〇八厘一毛弍乙

八月初八日

一收借用添發另案項下石六百兩

一發了省知州汪牧領八月分文案薪水石四十八兩

一發巡檢薛鳳翔領八月分幫辦文案薪水石十三兩四錢〇分

一發主簿王喬年領八月分辦理收發薪水石十五兩三錢六分

一發縣丞李允禔領八月分幫辦收發薪水石十一兩五錢二分

一發鹽大使嚴道貽領八月分管理庫務薪水石十五兩三錢六分

一發主簿汪志銳領八月分幫辦庫務薪水石十三兩四錢四分

一發縣丞陳常領八月分文案兼書記薪水石十九兩二錢

一發陳天佑領八月分薪水局役工食石六十四兩三錢二分

又發頭八月下南五六兩汛添展工程工食洋十二兩四錢

一發北岸協備頭八月下親兵幇帶薪水洋三兩八分六下

一發兌孫方令頭八月下隨裝差委薪水洋二十九兩九分二下

一發前北六工汛陳維恒頭八月下稽查參巡薪水洋九兩三分五下

一發幇教習王柱頭八月下薪水洋四兩

一發都司頭八月下親兵哨官哨弁教習洋號程薪水洋九兩九分一下一厘

一發北四工汛頭勵勝楊標運脚洋七兩五分二下九厘

一提解政治安振貴洋九兩五分九下七厘六毛

一發南岸廳頭秋季　大王廟從人奉饍洋十五兩

又發頭秋季　大仙堂從人奉饍洋五兩七分六下九厘二毛

一發李都司頭秋季粟愛親兵薪水洋十七兩二分八下

一發安振局司事袁廷玲頭秋季工食洋十二兩

一發電報委陳天佑頭八月艙大公廠德律風工食洋四兩

實存洋肆万三十七兩五錢七下一厘三毛弍忽

八月二十九日

一汎塾發舖買謄寫紙一副價石九兩一錢

一發庫工房領冬季加添帝飯石六十三兩四錢六卜七厘五毛

一發五廠領冬季書吏加添帝飯石十九兩二分三卜〇七毛

一發都司領八月下小建馬勇五名顧手石三十四兩八分

實存石叁万二十九兩一分七卜三厘一毛弍乙

九月初八日

一發補用知州汪延庚領九月下文案薪水石四十八兩

一發縣丞陳壽領九月下文案薪水石十九兩二錢

一發縣丞李延禧領九月下幫辦汎發薪水石十一兩五錢二卜

一發巡檢薛鳳翔領九月幫辦文案薪水石十三兩四錢四卜

一發主簿王喬年領九月辦理汎發薪水石十五兩三分六卜

一發鹽大使嚴道治領九月下管理庫務薪水石十五兩三分六卜

一發主簿汪志儀領九月下幫辦庫務薪水石十三兩四分〇卜

一发陈天佑领九月分薪水工程工食银六十四两三钱二分

又发领九月分南五分两风添雇工程工食银十二两四钱

一发知府方思培领九月分随辕差委薪水银二十九两九钱二分

一发教习王柱领九月分薪水银四两

一发帮目领九月分亲兵哨官哨长教习薪水银九两九钱一分一厘

一发都目领九月分大建马勇加乾银三十六两

一发陈维垣领九月分稽查委差薪水银九两三钱五分

实存银贰拾六两九钱五分二厘一毫贰丝

九月十五日

一发北岸李协备领九月分帮带亲兵薪水银三两八钱四分

实存银二十三两一钱一分二厘一毫贰丝

十月初六日

一收本年岁抢修项下拨还银六百两

一发补用知州汪牧领十月分文案薪水银四十八两

一发县丞陈常欣十月下文案薪水银十九两二钱

一发巡检薛凤翔欣十月下帮办文案薪水银十三两四钱〇分

一发主簿王裔年欣十月下办理收支薪水银十五两三钱六分

一发县丞李延禔欣十月下帮办收发薪水银十一两五钱二分

一发盐大使严道治欣十月下管理库务薪水银十五两三钱六分

一发主簿汪志岐欣十月下帮管库薪水银十三两四钱四分

一发电报学生陈天佑欣十月下薪水工役工食银六十四两三钱二分

又发欣十月下南五台两汛添雇工役二名工食银十二两四钱

一发多知方令欣十月下随辕差委薪水银二十九两九钱二分

一发帮教习王柱欣十月下薪水银四两

一发河营都司欣十月下大建马勇饷干银三十六两

一发前北四工陈继恒欣十月下稽查委差薪水银九两三钱五分

一发巡检薛凤翔欣赴南七工查柳车马费银八两

一提解政治官报费并书价银三两三钱五分五厘二毛

實存銀叁万一十九兩四錢〇分六厘九毛弐絲

十月十六日

一提發修理 文昌閣樓頂並圍墻工料價銀十六兩一錢

一提發修理 洋井平房二間工料價銀十一兩九錢〇分

一提發修理軍械庫並購買國机等共銀二十三兩一錢八分

一發河營都司領十月下哨安哨弁教習薪水銀九兩九錢一分一厘

一發北岸協備領十月下幇帶親兵薪水銀三兩八錢〇分

實存銀弐万五十四兩四錢七分五厘九毛弐絲

十一月初七日

一收研究所委員呈繳米膳價銀四兩三錢零五厘

一收借用本年春工兵餉項下銀四万五十六兩〇八分九厘七毛六絲九忽五微

一發南岸廳領冬季 大王廟從人養贍銀十五兩

又發領冬季 大仙堂從人養贍銀五兩七錢六分九厘二毛

一發兼署都司領冬季兼發親兵薪水銀十七兩二錢八分

又發領冬季防庫觀吾津貼銀二百五十六兩二分

一發糊大門副並壁窗供內灰罩買皮布苧夜布茅工料銀二兩八分一厘六毫

一發芦滿司領秋冬二季防守迎山嘴薪水銀二十八兩八分〇厘六毫

一發省稅差領秋冬二季加費津貼銀十二兩

一發津稅差領秋冬二季加費津貼銀十二兩

一發天津安報局司事愛廷珍領冬季津貼銀十二兩

一發電報學生領十一月下薪水並找局役工食銀六十四兩三錢二厘

又發領十一月南五苻兩汛添雇並找二名工食銀十二兩四分

一發候補知縣方令領十一月隨轅差委薪水銀二十九兩九分二厘

一發北岸協稽領十一月幫辦稅務薪水三兩八分四厘

一發前北の工汛陳維垣領稽查委查薪水銀九兩三分五厘

一發兼岑都司領十一月下哨官哨長教習薪水銀九兩九分一厘一毫

又發領十一月小建馬勇餉干銀三十四兩八分

一發兗州汪牧領十一月下文案薪水銀四十八兩

一發陳常領十一月下文案薪水銀十九兩二錢

一發薛鳳翔領十一月下办理收發薪水銀十五兩三錢六分

一發嚴道治領十一月下管理庫務薪水銀十五兩三分六卜

一發汪志駿領十一月下幫管庫務薪水銀十三兩四分の卜

一發方令明元照領赴郡庫各汛查勘柳株薪水銀二十二兩の分の卜

实存銀仟拾四兩六分一厘八毫の毛八と九忽仟微

十一月二十一日

一提發裱匠憲牘黄工料銀二兩八錢

实存銀仟拾一兩八分一厘八毫の毛八と九忽仟微

十二月初五日

一收借用來年添撥幾修項下銀三百兩

一發知州汪牧領十二月文案薪水銀四十八兩

一發陳常領十二月分幫文案薪水銀十九兩二錢

一發薛鳳翔領十二月下办理收發薪水銀十五兩三分六厘

一發嚴道治領十二月分管理庫務薪水洋十五兩三錢六分

一發汪志驎領十二月分幫管庫務薪水洋十三兩四錢四分

一發電報委生陳天祐領十二月薪水工程工食洋六十四兩三錢二分

又發領十二月分南京洋卅汛涂雇工程工食洋十二兩四錢

一發李協璠領十二月分幫帶親兵薪水洋三兩八錢四分

一發兼署都司領十二月分哨官哨長教習薪水洋九兩九錢一分一釐

又發領十二月分大建馬勇五名餉干洋三十六兩

一發知縣方令領十二月分隨轅差委薪水洋二十九兩九錢二分

一發陳繼垣領十二月分稽查委員薪水洋九兩三錢五分

實存洋柒拾四兩七錢一分七釐四毛八絲九忽伍微

十二月十四日

一發候補布理問汪興浵領十二月幫辦收發薪水洋十一兩五錢一分

一提發修理廚房炉灶瓦匠工料洋三兩四錢一分

實存洋伍拾九兩七錢九分七釐四毛八絲九忽伍思微

十二月二十四日

一收候補理問汪興海繳回十二月分幫辦收費薪水洋十一兩五錢一分

一提解光緒三十四年四月至宣統元年三月止連閏商務報費洋三兩九錢六分

實存洋陸拾七兩三錢四分七釐四毛八絲九忽伍微

光緒三十四年分

一存光緒三十三年添撥歲修節存銀三萬六十九兩八錢五分二厘零伍絲

二月初二日

一發候補同知范丞金鏞領赴部呈解水利部飯銀兩川費銀一萬兩

又領撥文制手批費銀四兩

實存銀貳萬六十五兩八錢五分二厘零伍絲

竇大人任內

四月初八日

一發戶庫房書吏領辦理交代事件飯食賞犒銀一萬兩

實存銀壹萬六十五兩八錢五分二厘零伍絲

呂大人任內

五月二十三日

三十三年添修節存項下

一發做椅袱兩項工料價銀三十二兩八分〇一釐〇七七八忽
實存銀壹萬三十三兩〇五分〇九毛七七二忽

光绪三十四年分

一存光绪三十三年添撥藏修内和一分部飯ㄨ肆ㄉ叻

一存光绪三十三年添撥藏修内和一吾ㄨ厘部冊ㄨ陸ㄉ肆拾叻

二共实存ㄨ壹千零肆拾叻

二月初二日

一撥归卅三年藏抡修部飯項下ㄨ四ㄉ叻

一撥归卅三年藏抡修部冊項下ㄨㄨㄉ四十叻

实存無項

三十三年添撥部飯冊項下

光緒三十三年分

十二月十七日

一收光緒三十四年添撥岁修內和一百部發石肆万兩

一收光緒三十四年添撥岁修內和一百六重部冊石陸万肆拾兩

二共實存石壹千零肆拾兩

寶大人任內

四月初三日

一撥歸本年岁修部款項下部冊石六万四十兩

實存石四万兩

呂大人任內

十二月初五日

一撥歸歲修部款項下石四万兩

本年添撥部發冊項下

实存無项

光緒三十三年分

十二月十七日

一收光緒三十四年添撥歲修内扣一分院費石肆万两

一收光緒三十四年添撥歲修内扣一分五厘院費陸万两

一發河務房書吏領三十四年添撥歲修内扣一分五厘院費石六万两

實存石肆万两

竇大人任内

吕大人任内

十一月十一日

一呈解本年添撥歲修内扣一分院費京平石四万两

實存無項

八年添撥院費冊項下

桑乾牘稿

桑乾牘稿

柰乾牘槀

桐鄉蔡鴻勛穎齋撰擬

〼督憲〼报到任日期由

衔謹

〼

大人閣下敬〼者竊職道於本年二月二十九日到省業經具

〼申报在案嗣奉

憲札飭赴永定河道新任並將任事日期開揭具詳等

因遵即馳赴固安於三月二十九日接印任事所有

通工形勢即日當親詣各汛周歷履勘另〼

呈報兹定將到任日期稟經

憲台查核伏乞

垂照除履歷職揭另文申送外爲此具稟恭請

福安仰祈

慈鑒 職道 。。。謹稟 四月初六日

稟督憲 夾單

敬稟者竊 職道 接奉

憲札以永定河應領咸豐十一年歲搶修銀兩已准

部咨防即循照節年定章請領等因查永定河南北

兩岸袤延四百餘里工段綿長險要林立職道到任以

親詣各工周歷履勘刻届桑乾之時水勢尚緩惟堤

身卑矮埽工均須加廂在工土料寥寥伏秋汛漲難資

守禦當詢歷汛各員皆以近年經費支絀實無餘款

可籌以為隨時增修之資現在亟待領款備辦工料以

便疏濬加廂極為緊要茲逕

東札飭具文領委員賫赴藩司請領此款可否仰懇

大人俯念工需孔亟軫飭藩司迅即籌款撥發俾得趕緊辦理
庶於要工有裨實為不至臨時掣肘是所以禱職道當
隨時稽查督率各員認真修守仍不敢稍涉糜費
以期仰副
大人慎重修防至意肅此具稟敬請
福安伏候
鈞鑒職道子□謹稟 四月廿四日發
致藩台文

敬啓者昨奉　制軍行知以永定河歲修

部覆已准　部咨飭即循照向章咨領等因查永定

河分設二十一汛工段綿長險工林立現屆四月中旬大汛

伊邇所有備辦工料及疏濬加廂等工在在均關緊要亟

應乘時辦理以資防護而各工存料寥寥際此經費支

絀之時廳汛各員亦已萬難墊辦道庫又亦無款可籌必

須此項領到後方能趕緊購備以應工之需茲特備

具文領委員齎領務祈

心翁方伯大人垂念工程紧要，待用孔迫，迅赐拨款，即将此项银两照数核发，俾委员早日领回，以济工用，是所祷切。再，永定河岸应领咸丰十年秋冬二季并本年春季兵饷，前经备文咨领，未蒙饬发，各兵弁若果不堪，亟应发给饷需，俾资餬口，庶修防可期得力矣。一并筹款发以资办公，而省除另备公牍外，专此布恳，敬请

升安統維
朗照不宣　四月廿四日書
致藩慕楊伯源
幸接
光儀種承
教益自違
芝采時切葭思辰維
蓬祉增綏

履祺集慶翹瞻

音霈宏洽頒私弟承之河壖信深冰兢昨于三月二

十九日接篆任事時當桃花河汛順軌是停

雅注惟是大汛將臨修防任重尚祈

時錫箴言以匡不逮是所至幸肅此布達即請

文炎統綏

兩照不宣

又另單

敬再啟者，查永定河歲搶修銀兩最為河
工要需，且本年經費支絀，工用不敷，大汛屆臨，在
工料物等亟應及時購備，以資防守。[illegible]此項
撥到藉應工用，實有迫不及待之勢，務祈
推愛關垂，曷勝翹跂。方伯處已專函奉懇，並備公
文委員齎呈矣，統希
鑒照。肅此布陳，載頌
時祉。　文碩　四月廿四日發
令親王普齋六兄均敘不另

致永清知縣王　催河灘地租

逕啟者案查河灘租銀向為永定以備要需年來修防

正款核減過甚修費萬分支絀實屬不敷辦公書情此

項銀兩藉資津貼乃沿河各州縣於解寔、屢催罔

應歷年積欠至五萬餘兩之多而

貴縣欠解之款為尤鉅查

貴邑河灘租銀截至九百七十七兩零河淌租銀五千十三兩

零又正欠租銀二萬五千五百兩零攤墊正欠租九十七

两零滩租六百三十六两零五年共应解银数千余
两除嘉庆道光年间陈欠不计外自咸丰元年至本
年止共应解租银乙万七千五百余两延玩已极殊属
不成事体推原其故书役之包庇侵吞土棍之把持
包揽百弊丛生历任漫不查察任其支延朦混
甚或官吏亦所不免
以致愈欠愈多几成无着之款积习相沿视为故
常而河工要需竟至有名无实现届大汛瞬临各工
紧要第今正当及时修筑而库空如洗待用孔急因

特去函辭並即行

大兄大人吊查原卷力除積弊凡將該縣各欠立限嚴追

務期踴躍輸將源源報解庶于河務有裨並勿藉辭

延卸積切盼切盼此次委員係尋常例催可比外任室

文飾渡概不准其銷差俟希

鑒原是幸除另由公文委員賚投並面陳一切外專

肅布並即請

升安不備 五月十六日黃

復天津 道孫

前奉

瑤函謹裁楮復茲又

蘭言竊責備承

藻飾紛披循誦盥薇載銘篆竹敬諗

琴泉仁兄大人祠鹿綏祺

[illegible]鴻篤祜

董琴洽代

仁風溥被，夷棠圻

楓陛承

恩湛露濃霑于

柏府

村鶯驥擢落雀罹穗惠予，璩乏桑花濩公許遂付予

大汎倍存冰淵，所幸迎接

祥光尚祈

示以矩矱，俾得有所遵循，是所跂禱。李國節復敬請

勋安统惟
朗照不宣
再启者承
示郝协备随办园保现已告竣不日即可来工读并
勤能请陈风荷
裁成定可收指臂之助若更重以
台嘱自当随时关照以副
雅怀专此
升和　○○　文砚　二月十八日书

致河南軍需總局廖明軒太守

敬啓者：弟於去秋奉　山西英中丞委令崔慕孫勇隨赴京營，所有軍裝賬房等件未領公款，概由自行墊辦。嗣奉檄撤各勇，當將墊辦之旂幟衣帽帳房移交軍需總局驗收，共計墊用銀一千一百四十七兩八錢六分六厘，移知在案。由總局發還本年二月領過銀三百兩，尚應找領銀八百四十七兩八錢六分六厘，未蒙飭發。茲即赴永定河道調任，茲特備具印領移咨請領印外

仁兄大人查照應領之數迅即代為領出送交滬寓為

感寓係本現調此缺清寒特甚蒞任未及三月賠墊

業已不少且眷屬寄滬大累尤須隨時接濟務祈

費神力關垂如數請發以應急需禱切盼切專函布懇

即請　升安統維　鑒照不宣　外附呈滬文印鈔一套

五月十九日泐

竣武清和石

日前接奉

惠書當經裁復計已早達

典籤辰佳
升祉延釐
曷禱萬祜，定如心祝。茲有懇者，參查河淤等租，向為永
定河工用要需，例應隨征隨解，與地丁正款無異。乃
近年來沿河各州縣拖解寥寥，任催罔應，統計積欠至
五萬餘兩之多。要款虛懸，實屬不成事體。且現
值經費萬分支絀之時，專恃此項錢款藉資津
貼。大汛瞬臨，待用孔亟，不得不分別備文委以員守

提退真查办所有

呈覆葦租滘租每年應解者四千九百兩零查自歷年

積欠三千餘兩推原其故書役侵吞土棍包攬之弊

不可勝言日久積重難返極力為整頓不可且聞

貴邑（租課）向係房征房解尤應年清年款何可任令拖欠

肥己並特札委令狐松年即前往守催並清之代

除一切詳行

大父大人提查原卷逐細根究并即立予嚴限迅將積

際各欠按卯追比務期如限完納俾得源源批解萬勿
任其藉辭延宕是所至禱專此布懇即請
升安統希　雅照不備　五月六日
弟承清頓首
敬啓者頃奉
復函以歷年欠解濛隆等租民欠既多官墾亦須不少
現擬分別辦理先將征存本年租銀壹百兩批解等
因但查　貴縣每年應解竊征銀二千餘兩茲僅解

銀壹百兩不及十分之一以之作資加工之用且當二
麥登場之後已可及時催征各租戶應踴躍交
納以至秋收既竣茲屆現時正交大汛工用浩繁其待支
項銀兩購備料物為防護之資需用孔亟即祈
大兄大人力除積弊分限嚴追先將本年應解新租迅於
月內催齊按季如數批解于節年陳欠宜
設法催征源源批解毋任久延是所禱切專奉附
同舟相孔通融辦理等語如價貴等分支俾工需不缺少

籌石的不破除情面認真催提所有此次各屬委員若不遵三諄諭須將各款催解如僅以空文支飾斷不許毛銷差實迫于不得已也諸希

鑒察為幸除行飭委員守提外專此再陳即請升安弟名另肅五月廿三日

再肅者今伏汛水勢盛漲各工搶護穩固由

敬肅者竊職道自五月二十七日赴工督率廳汛營文武員弁悉心防護入汛以來河水時長時落節經隨時稟報在案茲于六月十五十六等日連接石景山外委稟報並據各汛申報疊次長水來源甚旺

積至一丈八尺二寸，全河溜勢奔騰，攸有洶湧較遜，毋分晝夜，督率所管汛弁并沿堤兵夫加意防守，不容片刻稍懈。惟收溜淤之異常，淤消不敵所長，以致各工埽段紛紛蟄陷，當即飭令分投加廂簽樁壓土，趕緊搶修，竭三晝夜之力，始得漸臻穩固。內中險要情形尤為吃重者，如南岸工守汛九號護埽六段平蟄入水，北三工守汛十六號埽工二段垂蟄，北岸五汛守汛溜勢直沖堤根，新舊各埽三十餘段全行入水，勢甚危險，十號埽工三段陡蟄，埽面水深一二尺，八二號各埽亦相繼蟄動，南五工十號至十二號埽段平蟄，南六工三號埽段入水，九號走漏各等情，均經隨時督飭設

法保護挂柳捲埽撥（優給夫工）趕辦，一律加廂出水，務使埽段穩實，不令傷及堤根。現

仍多派兵夫，實力防守。伏查此次河水陡長，險要情形，向逾往年，通工倍

增，悚惕茲甚。仰叨

大人福庇，一律搶護平穩，均獲化險為夷。惟汛期正長，此後仍恐水勢續長不

測，不慎益加怵惕。職道並節日親詣上下各汛，周歷巡查，嚴飭各員弁督

率兵夫，不分雨夜，加意防守，不准稍涉稍懈，務期處處周密，以保安瀾，以仰副

憲台垂念河防至意。所有伏汛長水各工搶廂穩固情形，理合繕稟

大人察核訓示祗遵。肅此具稟，恭請

福安伏惟

鈞鑒職道□□謹肅 八月十九日稟

又另加單

敬再肅者竊查永定河工段綿長土性純沙每遇汛水漲發大溜側注旁趨勢甚洶湧防守尤為不易每年年終所領歲搶修銀兩經分撥各汛以之購辦料垛尚屬不敷修守之資仍形匱乏是以存工料物實不足以備搶險之用每於伏秋大汛專賴備防銀兩藉資挹注而通工拮据情形尤覺萬分掣肘本年所請備防銀一萬一千五百五十兩迄今未奉行知工程

緊要待用孔殷伏查向逢大汛期內河水漲發需用至急之時不得不仰乞
恩施俯賜通融先籌藩庫籌款撥發以濟眉急茲因本年伏汛水勢盛漲本
源極旺迥異往常各汛疊出險工分投搶辦紛紛請領銀兩購買料物[illegible]
並職道親歷查勘委係必不可省之需而道庫早經撥發罄盡刻下
一空另說無款可籌實係無處可商本年備防銀兩惟有仰求
大人俯念工需緊要即飭藩司先行籌款撥發庶於要工得以保護
免意外之虞曷勝引領待
命之切謹此肅達[illegible]敬請

勋安伏祈

垂鉴 ○○○○谨再拜 同日发

致藩台文

六翁方伯大人阁下凤旅

挚爱种符

阁垂仰企

光仪时戢洄溯居徐

暑祺笃祐

泰和廷發印晋

奏祈式孚抃祝 弟自交汛以來疊工防護河水長落靡定時序

水淵茲于六月十五十六等日連接石景山汛所屬各工申報疊次長

水來源甚旺積至一丈八尺一寸全河溜勢奔騰極形洶湧西面平岸

有周卯督率所汛員弁添派兵夫加意防守惟水勢湍急異常殊屬不

敷所長以致各工埽段紛紛墊陷竭力搶廂收斷隨穩固其險

要情形尤為吃重者如南四北三二沿堤護堤埽等工平橋北四五汛

溜勢直沖堤根新舊各埽全行入水埽面水深一二三尺勢極危險其

俟上下各汛走漏刷堤疊來守護當經設法保護撤卸趕辦一律
搶廂穩實查此次河水陡長險工情形迥逾往年通工倍切悚惶
仰叨
福蔭得以化險為平實為萬幸惟汛期正長此後仍恐水勢續
長不得不慎益加慎督飭各員弁多派兵夫添辦料物小心防
守不遑稍涉疏懈務期防護周密以保安瀾以副
雅廑專函縷陳敬請
台安統惟

專此不宣

又另加單

敬再啟者查永定河工段綿長水勢湍急每屆伏秋大汛山水陡發奔騰直注勢甚洶湧防護本難藉手全賴料物充足藉資防守年來因經費支絀所領歲搶修銀兩折減過甚未能照常搭蓋一經水漲險工林立每一動手搶護料物即已無存而汛期正長設遇水勢續長防禦無資深為可慮往年本賴備防銀兩以為防險之用乃現值伏汛盛漲工需萬

分飭急不敷備防銀兩當本年預行知照前次委員賫文
找領之歲搶修一款至今尚未領發而存工料物亦多各汛
節次請領銀兩添辦椿料但不及待道庫之款即窘實
有岌岌不可終日之勢不得不仰懇
憲台俯念工程險要待用孔迫即將找領之歲搶修
銀兩迅賜飭發是所禱切更有請者備防一款向為伏秋
大汛時防險要需刻因伏水盛漲各工危險異常必須儲備
大工添辦料物以備搶廂之需實屬萬分迫切懇祈

垂念通工急迫情形，俯賜通融，先將備防餉內撥款提發，即同
我領之歲撥修石堤委員早日領回，以濟眉急，感荷
雲情，實無既極。除另備公牘外，專函布懇，敬請
升安。又，二月十六日發

琛藩幕楊伯源

久違
雅教，時切葭思。前年
榮函信承

倚注五中銘戢莫可言宣辰維

伯源先生道履冲和

蓮祺協吉定如私祝弟自去秋大汛以來蒞工督防河水時有

消長安瀾之定迨自山水陡發疊次盛漲消勢十分洶

湧各工危險情形迥逾往昔所有堤埽本不足恃俾

冲刷險工疊出幸趕緊搶護臨渴撤隨穩固惟存工

料物均經動用而備防銀兩至今未奉行知各汛紛紛請

領銀兩購辦椿料以備防護之用道庫以無款為窘

实深焦灼莫可言喻 贵东方伯通驻办理先将省
情節兩番照暨仁兄迅速轉行
推爱关垂俯赐
察照昌勝翘企专此布恳敬请
文安不备 同日发
寄督军、省长，伏汛安澜由
敬启者窃（敢滴）、自头（秋汛以）春夏督率厅汛（营）员弁加意防守昼夜巡
查不（未敢）浅稍（涉）有疏懈惟永定河（入夏以来）水势湍急长落靡定（两岸堤身）土性纯沙险

工林立前於六月十一至十六等日叠次盛漲勢（大溜奔騰洶湧）極危險所有各
工搶險搶護穩固情形業經奏蒙
聖
鑒在案至六月十六日復據大同萬全保安宣化等府
州縣具報桑乾白洋清水等河水勢陡長來源極旺（甚以）
大［illegible］陰雨連綿廿一二日河水復漲各工險由搶險而南岸所（溜勢逼近堤根埽段墊陷情形更甚）
守稱南上工六號埽十三號坍坎南二工金門閘溜勢直趨
南堤台勢極洶湧南三工九號埽十一段南四工四號溜走
堤根埽工平墊三段陡墊四段水落之時溜勢又搜尤為吃

重九號十二號埽段六字汛堤南六工字根十三號順堤坍坎至十餘丈水深至九尺餘寸南七工字挑大堤仁上下埽之處走漏六個北岸兩字號北三工十三號滿刷堤根埽面吃水者九段垂楼入水者十五段北四上汛□號十號埽段吃水層層刷揭十分危險北六工字挑段號者坎坍刷八號舊險新生九號至十三號埽面吃水間有墊動北七工字挑的號坍坎的丈餘大堤末首堤埽陡蟄入水各等情均由該管道隨時督率或加廂拋廂或挂柳樓由佰給夫工蹟累料志在工文武員弁親詣督勵[illegible]搶辦或加廂

捆廂戧柱柳樁由窯木板前後均臻穩固茲屆立秋節氣壹

溝橋現存底水八尺一寸標示景山南北岸同知下北三角淀通判

等五所其橫安瀾前來此皆仰賴

大人福蔭遠庇

河神默佑以化險為夷明道忻幸之餘務須競惕現屆伏汛

共保瀾恬而是秋汛正長河水消長靡定惟有督飭通工文武員弁益

加意勤矣慎察以防疏預期有備無患普慶安瀾以仰副

大人慎重河防至意謹將伏汛安瀾緣由理合具稟

大人查核循例入

奏實為公便再此專肅敬請

福安伏惟

垂鑒 職道○○謹肅 七月初三日燈

致藩台文

六翁方伯大人閣下日前接奉

環雲備承

雅注盤薇鉅論篆竹銘心敬諗

衙爲

移咨事案據永定河營都司○○○守備○○協備○○○等詳稱該弁等應領養廉銀兩自同治

元年夏季起至三年春季止共該銀六千六百卅七兩乙錢乙分五厘

除減半平並養米錢外實計應領五成實銀乙千乙百六十兩零

三錢三分九厘七毫歷經請領未蒙

飭發茲因大汛瞬臨所有汛堤汛房墩舖年久失修並被風雨摧殘

可此汛刷滲漏倒塌處所甚多巡防弁兵棲止之所亦須設法亟應修整勢難延緩並迭陳窘

可等該弁等又以無力墊辦據詳請領養廉修葺等情查汛

房墩舖原爲弁兵巡防大汛棲止之所自應隨時修葺而該弁

等俸若兵餉僅糊口之資亦係實在情形爲此合咨

貴司煩念武弁苦困以防汛棲息具見守職即將該弁等應領同治元

年夏季至三年春季養廉銀兩俯賜飭發以資速辦

望深之禱者

祗麗侯祺

昇鴻萬祐

樗暉引跂蓤露怀字承

示撥修款函已於六月二十二日領貴處

閱垂念識之玉時于月之三日已撥委員解部兑收正

在待用孔亟之時賴以維持歲各汛趕辦料物俾資修

守惟秋汛正長險工林立經費委實不敷相應備

防一款以資接濟時于部中查來底稿知于六月十六

日仰崇

俞允，月內必可奉行。茲特錄底附上，乞鑒

俯賜通融，先期籌撥，俾承委員領回以清眉目。尤

念歧積無有趕者，查自咸豐十年閏三月初一日

調任承寶以前，計至本年三月二十九日到任前一日

止，例應支領半廉，又本年春季二月並夏季全廉，

共計約有數百金，當此　學庫支絀之時，本不應

煩瀆

清聽急急請領奈此間瘠苦情形早邀
洞鑒務請領之數已殊林未之新而涸轍之鮒深盼
楊枝一滴稍資挹注可否
推情格外即日如數籌發仰叨
厚愛感佩殊殷並祈另備公文所欽一併交妥員賫
呈繳計
專此奉布敬請
台安惟希　朗照不宣　七月十六日書

致楊伯源

伯源先生閣下日前曾有付議布陳一切昨奉

還雲諸叨

寵愛辰維

時祺式燕

蓬和吉羊為慰私忱茲有懇者本年春季調取

以道至今年三月抄列任查例

特旨簡調之員甘本

旨之日起，所有支食半廉，如因本任或奏留署事，即各支半

廉，久經循例在案。本年歲奏留署理驛鹽道，除支領署

任半廉外，應領調任半廉，並擬計至年月日及本年春季

截日夏季全廉，另候清單附呈

台覽。除備具文領支外，貴藩公費方伯外務計

推愛，閣垂愛之，於給是所致禱。際此左藏支絀之時，

貴本亦原不能再頻頻擾懷，承之此間清寒，極

須瞻累不支，想邀

洞燭。即此些些，虛項賴以補苴，已覺般般出藏了了，

殊覺赧矣。

尊前再函備陳一點，接此來抄底另行錄呈

方伯矣。至雲員切不得能否通融，尤切繫懷焦希

照察為禱。手此布懇，即請

文安。不備。同懇

安。山西英中夾單

敬安者。○月和田申寸楷即之摺弁第某計已作過

崇簽坐

掃悰而起跂祇聆黻之時紫雯億

方伯大人祠廉綏祺

惟覬載祐

行佇懋桐封之錫

絳帷增藿向之私○○前在豫中為廖令慶謀動用銀款墊

共慕勇經貫非既戴榮

鈞諭訓示周詳謹即接到廖令來函知鍾等請 飭局籌

款歸滬經手○○寓中蓋庚令亦因豫局已在交代之時此款
若經局中轉手諸恐難恃且懼司庫抵扣庚令曾任浙鹾多
年陳款是以特懇
恩施逾格曲賜周全惟現在○○春庭弟應滬垣家惟歸總前
款如解滬庫已屬之人經理自應仍照
茲諭由○○具詳以
俯賜飭局經營○○任所照收歸款此則
大子大人持恤入微之至意感銘匪可言宣至於豫省中丞及

軍需局等處仍照

帥恩於飭發此項銀兩以一面知照粵省俾知物件原委並

已妥截之糧餉中自計者應亦悅從與公款毫無干涉不

置喙也除另具公牘咨請籌防局撤銷外合將詳文

一紙謹呈

並電至銀應隨後由。。粵委員赴晉祗領抑更仰沐

垂慈成全終始飭局由晉派員發解固所至求

訓示並述日下草寸悰兼伸依企再修寸箋虔展禧祉

恭請 聖安伏祈 睿鑒。○○謹奏 七月十三日

奏 督建 奏報秋汛安瀾由

敬奏者,竊查東省河土性純沙,溜勢湍急,南北兩岸堤

長百餘里,險工林立,本年盛漲頻仍,各工均形吃重,前

次伏汛節獲平穩,業經 奏明

聖

鑒奏在案。茲自立秋後河水時有長落,茲伏

汛盛漲時溜勢稍緩,而秋水搜根,刷愈甚,自七月十五

二十八日等日,驟雨傾盆,連宵達旦,來源過旺,以致各

汛防、埽段並有樁埽間坍坎、潰堤情形，尤形危險，均經職道[illegible]

督率各所管汛文武員弁兵夫分投搶護，而本年[illegible]

奏添備防秸料[illegible]庫[illegible]撥到[illegible]

工程險工，是以思患預防，飭令各汛員[illegible]加工守護

無之員，即由職道[illegible]樁料，採買諸工[illegible]

[illegible]因該上下各汛，經職道諄諄告誡，協力不分畛

域，互相協濟，在工官弁兵夫[illegible]以化險

為夷，俾保護平穩，茲于八月十九日節屆秋分，汛務漸

平河流順軌，盧溝橋現存底水五尺七寸，橋石景山

南北兩岸圍工下北三第汛通判等各所具報安瀾前來

職道查勘兩岸堤埽閘壩等工悉臻穩固，此皆仰賴

大人訓示周詳，措置機宜

河神默佑，三汛俱普律獲安瀾。職道慶幸之餘，倍深兢惕，除

切飭各所汛等仍照常加意防守外，所有秋汛安瀾緣由理

合字稟

大人查核循例具

奏定之公便於本年所用各員防護險工經手任職倍加奮勉
著有微勞可否由職道擇其尤為出力者詳請
奏獎以示鼓勵之處出自
具施肅此具禀恭請　福安伏惟　鈞鑒。。。謹肅
崇小西橋來英夫革
敬再禀者竊。。七月十三日曾肅寸丹并詳文一扣由驛賫
呈度已早邀
藝鑒

樗蟬翹跂，羨向時殷。恭候
夫子大人景福駢蕃，
勛祺駿介。
師門引領，晉祝傾心。前在豫中撫署募勇借費，仰蒙
鈞諭，詢未周詳，並述所請，具詳文稿乞
慈電。昨接山西營務總局移咨，以前項銀兩係委解安徽協餉
之便，解赴河南藩庫兌收，再由趕豫請領等因准此。
前撫經費銀兩，附原因予以照复，各處挪借，以期迅速發

錫現在借欠之項紛紛來直隸任所索償借收此項飭
西解不豫省存由。。具領歸款不特往返需時且留
庫抵扣應令别款該生枝節是以特懇
恩施逾格曲賜周全飭局徑發。。任所無收歸款亦由晉委
員費解周與詳以往返周折茲擬專委妥員赴晉祇領
仍懇
師恩俯賜飭局如數發交委員費解來直俾得清理欠項
仰沐

垂慈成全終始，小草寸衷，已在感激叩禱之至。除另具公牘咨請
貴防局據情轉詳外，謹將詳文一扣錄呈
慈覽。肅函修寸牋，虔瀝私，恭請
勛安，伏祈
垂鑒。八月初三日

致山西藩台常

勳舫方伯大人閣下：久違慕
藺，未遂瞻
韓，遙仰
光儀，之任馳企，款佇

升祺俟慶
昇祉延鴻下晉
專祈式孚頌祝再前在豫中函令慶謀動用銀款
墊發募勇經費業經開具清摺呈
山西核實查核准銷即由山西糧台如數解還歸款在
案茲于七月二十九日接奉
來咨知照已將前項墊發銀兩核明具詳蒙
山西撫憲批准照數給發應候委解大營協餉之便解

前河南藩庫另收存由本處委丁赴豫請領等因本處
遵經辦理惟前墊銀兩時原因了河防急迫有稽延是以各
處挪借以資迅速發解嗣本 赴直隸承宣時適調任
所有借欠之項續之未及查案還現在此款解豫
省再行委人前往請領 不特往返需時且大河以南烽
烟遍地道路梗阻諸多窒礙因特由部 奏請委
員赴晉守領除另片內已明應請徑發部 任借用
備文咨請并候詳明 英中丞致務封

俯念下忱或垂格外即如所請如數賠繳交其徑解本

直隸以就近給還不還各州縣以清欠款不勝感禱之至

專此奉懇敬請　台安統祈　丙照不宣　名另肅

寄緒書。寄報永定河本年防汛出力員弁請獎由

敬肅者竊○○於九月二十六日蒙

主台行知咸豐十一年九月十八日奉

上諭又

奏永定河秋汛安瀾一摺直隸永定河秋汛盛漲迭出

險工在工員弁隨時搶護著有微勞現已節逾秋分通

工甚臻稳固所有厂汛各员着择其尤为出力者酌保数员

候朕施恩毋许冒滥钦此钦遵仰见

圣恩高厚垂念河防微劳必录至意伏查永定河自钱粮减半以来又

裁半银半钞曩所钞票尚可作钱近则概成废纸又值工用实形支绌修守倍觉为难本年伏秋大

南北两岸迭出险工埽段同时蛰陷者十有余段

大汛河水节次涨发抢堵者数次其危险情形迥逾往岁均经□□亲诣

河干督率厅汛营弁昼夜不避风雨并力随时抢护而本稳固

正杂料物不敷应用添采民夫倍给工价未由□□筹款

垫拨给发以众情咸兴踊跃从公又以各汛兵丁

時城於務办險工加補埽段補築堤埝諸工互相援應通力合作以化險為夷一律保護平穩在事各員不無微勞足錄惟人數眾多未敢概登薦剡謹擇其尤為出力者繕具銜名清摺恭請

大人酌核

俯准從優以昭激勸于出力請次並協防武營員

弁另摺會詳

再應由外咨部飭司頒冊存記是否有當伏乞

訓示再此其字跡請

聖安伏候

垂鑒○×○○謹奏　　計呈清摺二扣

又另加單

敬再保舉者卷查上年大汛安瀾於本年三月奉行議獎

摺內以護理永定道王○○督防出力保加請加道銜

仰懇

聖恩允准在案該丞今年回任石景山同知伏秋大汛防護得

屬在程亦著有微勞可否仰懇
俯從酌量委署知府一次以示獎勵之處出自
惠恩至。。本年督率巡防通工幸保平穩並賴
大人指授机宜重承
訓誨於以勉効交砥課移植愧乏寸長供職益悚臨履
未敢仰邀
恩叙附寄祇乞
鈞鑒○○○○謹肅叩上書

又加單

敬再者本年伏秋大汛迭出險工尤以固安縣境內之北上四工及安次三工兩汛為至重該二處河身唯灣環極頂沖頻於危急異常且南北相隔一河勢須分投兼顧本汛防夫不敷分派即隣汛協撥仍不敷差遣不得已於地方添僱民夫優給工資賞項均由〇〇撥飭現署固安縣知縣楊承敷選派壯夫協同搶辦並得該署令奔走河干添覓渡船俾

資利涉往來兩岸趕臨收護送銀不分日夜城邑

勉趨公自未便沒其微勞合呈仰求

大人逾格鴻施可否給予議叙令候先換署一次

飭司存記註冊以示獎勵之處出自

鴻恩謹再面稟恭請

福安○○○○并請再安 十月廿八日申時

衛謹將本年永定河防汛尤為出力各員分別擬請

保奏繕具銜名清摺恭呈 鑒核

計呈

同知衔署南岸同知候補班前先用知州朱錫虞

管轄南岸上游五汛工段綿長本年河流叠漲所屬同

時迭出險工異常緊要該員督率各汛員不分雨

夜設法搶護平穩實屬悉心諳練修防尤為出

力懇請　保奏賞加運同衔

提舉衔署北岸同知候補通判李書[illegible]

該員所屬各汛迭出險工督率巡防相機搶護出力

臻穩固，擬請　保奏賞加運同銜。

藍翎加同知銜調署北岸上汛鄭州下南三工，係州判所管要工。

該汛著名險工，本年河身坐灣，橫溜頂衝，尤為奇險。

因該員熟諳工程，辦公奮勉，於大汛前詳慎籌辦，

斯缺，責令修守。當伏秋水勢盛漲時，埽段蟄陷坍

塌潰，堤屢瀕于危，該員不避艱險，設法搶護，化

險為平，尤為出力，擬請　保奏以知縣用。

知州銜藍翎布理問南二工原武縣縣丞汪玉藻

該員老成諳練　熟悉河防搶險工程芦料物啓放

金門閘並合機宜　俾全河溜勢暢順　以保安瀾

請　保奏以知府用

署南岸同知係遇缺補班前先用知縣范成釗

該員所管工段險工三處　當大汛盛漲時於迎溜頂沖埽

段掛溜之處不分晝夜竭力搶修　並臻穩固　洵屬不辭

勞瘁　懇請　保奏賞加同知銜

南岸工東安縣主簿王家黻

該員任內工段未兩個月於填堤卑矮單薄之處捐
資修築普律高厚俾大汛盛漲時悉臻穩固並
能撙節經費洵屬認真修守出力之員擬請
保奏以昭激勸
派赴南北兩岸險工要段協防大汛委員試用縣丞徐本煒
該員熟諳河務協防南北兩岸各汛險要工程數月
之久上下奔馳不辭勞瘁檢廂埽悉合機宜洵屬
差委得力之員擬請　保奏俟歸補班前先用

又一櫓

啓放金門閘告示

爲剴切曉諭事照得永定河南二汛之金門閘本因伏秋大汛河水盛漲以宣洩水勢而設啓閉之期向有成例本年五月初六日據南二汛員弁稟稱金門閘石工殘缺隨時已迎水該處民人呈請築埝三尺以資防禦等因本道俯順輿情准其暫行築壹即面諭該汛員曉諭居民等俟過伏秋盛漲時仍須照例開放不得阻撓乃昨過築埝之後飭查

埝高五尺是該民人等私行加築已屬不合現屆入

伏大汛連日河水疊漲所不能暢消必須啟放金門閘

藉資宣洩自應循照向來辦理合行出示曉諭為此諭

知該處居民人等務各奉公守法靜候啟放不得從

中阻撓倘敢故違功令任意滋擾本道查訪得實定當

嚴拏究辦決不寬貸其各凜遵毋違特示

永定河渡口告示

為剴切曉諭事照得固安為南北通衢往來士商車馬
輻輳永定河向設渡口以便行人乃近有無知游民充
當渡夫藉端訛索渡錢任意勒措大為行旅之害
合行出示嚴禁為此示諭埠頭船户人等知悉所
有大小車輛及往來行人均須隨到隨渡不得格
外需索自經示諭之後倘敢仍蹈前轍藉端訛索
一經查出定將該埠頭船户等鎖拿嚴辦

嚴變亦本道之出法隨母的視而具文字各學之每
速特示

復工部催解部飯銀節略

查此項飯銀前奉 部文令案准銷自道光二十八年起至咸豐元年止所有應行批解之款共計四年乃自咸豐四年核減河工經費裁撤一半應領之一半銀兩又復以半銀半鈔搭放以致工用支絀業經奏准沿河各州縣應解河灘地租原為津貼河工要需近年以來拖欠累累計積至一萬七千五百餘兩辦公更形拮据是以歷前任因公挪移或以搶險緊

要或以堵築大工需用甚急勢不能不挪用庫存之款以資保護而庫中實無別款可挪無可如何不得不將歷年扣存之水利飯銀挪移應急均各詳明奏報在案此則各前任以公辦公之不得已挪移之實在情形也本任自本年三月底甫經到任正值伏秋大汛工程險要皆係自行設法籌款竭力搶護所有各前任挪動之款尚未歸款刻無憑批解惟思應解之款自應趕緊設法現查各衙

縣河淤租銀歷年積欠甚多容俟飭催承徵各州
縣迅將此項租銀剋日催征批解印官將應解
之水利餘銀分年陸續申解一面移催各前任趕緊
歸款以清庫項合先布聞

端溪硯出廣東，有■東洞、大西洞、小西洞、正洞、■中洞之分。其美有五。○一青花，點細點活點沈點，暈如淄塵翳于明鏡，如墨瀋著于濕紙，斯爲絕品。○一魚腦白，如晴雲吹之欲散，鬆如團絮觸之欲起者，是爲上品；白而微黃者次之，灰與紅下矣。○一蕉白，如蕉葉初展含露欲滴者上也；素潔者次之；黃而具藍而灰下矣。○一天青，如秋雨乍晴蔚藍無際者上也；陰而晦下矣。青花者石之紫，魚腦蕉白者石之髓，天青者石之肉。紫之精氣傳化發而著，傳于天青者上品，傳于魚腦蕉白者亦上品，惟大西洞有之。○一曰冰紋凍，白暈縱橫，有痕無迹，是謂冰紋，亦出大西洞。他洞白紋如紋者劣也。

眼生池外者曰高眼内曰低眼高眼尤佳砚心不宜有眼

獨攜天上小團月 茶

自撥床頭一甕雲 酒

集蘇句

禀信稿

同治七年閏四月至十月止

蒞任稿

稟信稿

京府尹王

敬啟者，日昨□。日昨接奉

鈞函，備荷

厪垂，並蒙

拂拭逾情，優寵逾分，迴環循繹，慚感交縈。恭審

大人勛福駢臻

景祺茀祿，仰慰

仁懷，莫名頌忱。昕現駐工次，出作入息，遍督率各河堡員弁，分別趕辦河堤工程，力除積習，認真經理，嚴飭趕速。

工上下游圍應查勘核估，兩岸禦水各工擇要興修，俾資防禦。竊計合龍之後，

大汛轉瞬，尤須未雨綢繆，庶有備無患。惟所需甚鉅，經費實形支絀。該

員等將在京分領撥費之五萬兩，於閏四月初一日解到，當即先收，正值待用孔亟之時，

得資接濟，俾免停待之虞。又擬鳥飛述知，此次所撥部款，得以迅速撥下者，實荷

思垂，俯核曲賜玉全，仰沐

鴻慈，莫名感戴無既。

飭派弁兵，隨同委員，沿途護送，以期妥速，仰徵

蓋畫周詳，無微不至。□□

高厚之施，敢不力圖報稱。且交實係□□惟是俾在□惕厲□工竣，冀相有成，□□工程，務臻□□

所求核節，俾得迅速竣事，以紓仰副

盡廑。兹肅寸函，專此布謝，祗頌崇禧。

閏月初□日

福安伏惟

鈞鑒

閏月十一日

藩台壹

午峰仁兄方伯大人閣下昨奉

還雲敬悉一是承

示此次工程借款與修原擬收捐歸補惟工中開打太多碍難

办理現已函回　中堂及康藩司應毋庸议論今仍照一年成

案應繳填工賠款四成又七餘分派各府州縣及河員藩庫

捐補歸款據所擬兩條具詳以便核摺入　奏等因弟查今

年所撥工需銀兩与上届情形不同向係奉准批示定有成

數分別派捐今則所撥銀兩与原估之數懸殊難信嚴飭

工員力求撙節不准稍任浮糜而工程過大勢必不敷所用

尚須源源接濟一時遽難核定確數兹特函商

來函檢查成案先將借撥之款請歸地方河工藩庫三項

捐補體察詳籌酌議

電示示件如有未妥協之處尚祈

鈞裁，更正会詳請　奏，再此件向係
鈞閣主稿，仍備具空白印文，專弁賚呈
台端核奪，偕答照詳，以符舊制，至究應如何定議之處，統乞
卓酌施行，是所叩禱。肅此布陳，敬請
台安，諸維
朗照不宣

閏月十四日

学督曾　夾单

敬再者，窃查永定河南四南七併案堵築工程，曾將大堤進占及引河分款
兩次呈報
垂鑒在案。。仰蒙
委任周祉錢、自與王以昧叠、前因委員陸牧分別幫辦。。親赴南四
工次，催提所存各員弁並力趕辦，每日陸牧即赴南七工經理，不時往
堪各工，迨陸牧回至南四，即於初旬前赴南七工查勘，查得堤工
土屋碎返壓極為堅實，對埽亦槽密椿修築均稱完固，引河亦
已挑挖至六七分不等，仍復嚴飭工員認真趕辦，現在將來攸旋

即於回南四查看河堤工程，均已辦有七八成分數，並無些毫草率偷
減情弊。。現定閏月十六日自下游查堤收河，自下而上勘收南四河堤各工，約計
二十日可以竣完，謹擇吉于二十三日丑時合龍。所有修築各工業已
將南北兩岸詳細勘估，擇要興修，以期足資捍禦，務令工程
堅臻鞏固，經費尤求撙節，斷不任稍涉虛縻。所有此次大工完固
歡欣，容俟工竣合款核明，另文呈報外，先將約撫大工合龍日期密請

中堂壽星查核，伏乞

訓示祇遵，爲此具密敬稟

福安，仰祈

垂鑒

又加單　同上

敬再密者。。日前接奉

憲札以永定河應領本年備防汛兩季准　部咨飭即循照舊章咨司

請領等因。遵即備具文領，委員赴司呈請撥發。查永定河

工林立，每屆大汛皆臨時預備料物，以備防守之需，今年秋汛水勢各

廳工生險，備料動用無存，道庫所領辦公銀兩，均係年清年款，早已

寅吃卯糧，無可籌辦，應於本年之歲搶修銀兩內　部准無從請領

而待用甚殷設有不敷應手實有岌岌之勢。。前曾面求
恩施請將本年之歲搶修改歸向年由　部撥發帑
諭飭令藩司具詳再行入
奏本應靜候
批示祗因近因距大汛工需緊迫不得不仰祈
中堂霽逮恩垂念通融即檄司詳具
奏俾得有所遵循不勝悚企之至並乞
崇鑒

閏月十四日

濤台
午峰仁兄大人閣下昨奉寸函諒塵一切計日內定邀
雲覽矣茲　嵩桐司知以承定以應領因係文年備防運腳既已派
部臣飭即循照舊章咨領等因查承定以分設之十廳工段綿長除
工林立現屆節近夏至大汛瞬臨所有備辦工料預為修守地步
殊關緊要必須未雨綢繆趕緊辦理以資防護且今年淩汛水勢極旺
為向年所未有各汛修防料物所存無多當此經費支絀
之時廳汛各員無力墊辦道庫又無款可籌竟以本年之歲搶修
尚未奉　部覆無從請領更形拮据專賴此項領到以方能趕辦

料物以為要工之用，兹特備具公牘委員賫呈
鈞閱，務祈 俯念工程緊要，將困乏迅賜撥款，即將此項備防經費如
數撥發，飭交委員賫來，以符原案，是所企禱。專此奉布，敬請
台安

閏月十四日

本任永定道徐

惺翁仁兄大人閣下：日昨李勇回省，并希郵遞俯陳一切并詳稿等件，計日內
已呈 左右，未知 方伯處如何定議，時以為懸系。昨奉
爵相回知，以永定河應領備防經費銀兩事，准 部咨飭即咨領等
因，並備具文領委員赴司請領，第其司庫支絀，未能即時給發，
委員守候無期，而工次待用孔迫，合龍之後，大汛轉臨，各工歲料、搶險
均經動用，所存寥寥，必須預為添加，以備防護之需。惟閱先後本年
歲搶修尚未奉准 部咨，無從請領，道庫本無存款，前次常來之
工需而今又為大工挪用，尚賴此項銀兩早日領到，為未雨綢繆之計，
至切待濟，不啻大旱之望甘霖。此間匱乏情形久邀
燭鑒，惟有仰祈
吾兄關照，務於 方伯處懇為代懇，無論如何為難，從速迅撥發，
以濟眉急，感荷
仁施曷其有極。專此奉布，敬請 勛安

贊廷夫子　　　　閏月廿二日

敬字者：窃查南四南七兩處堵築工程。○○已將擬定合龍日期呈陳

建鑒在案外。○於十九日收悉南七引河必是挑竣，南四之上游段應勘所

有引河實係丈尺均按原估挑挖，試放清水，水勢甚屬通暢。並已草率倫

減等與于南四工東西兩堤進占，分築堅實，金門合收，僅留

六丈左右，在二十日丑時合龍。乃自二十日午刻起至二十二日辰刻止，陡

雨連傾盆，通宵達旦，河水陡長二十丁，搶護堤所，賴當探風

雨不止，未克施工，趕做不及，未能如期合龍，只得改限前來。○

仍飭多集民夫，晝夜搶做，以冀如期。雨勢愈大，水深漲長，較從東堤

水深八尺，西堤水深六尺，金門前水深丈餘，兩堤均有嶮要，必須厚集

工料，加工力作。而雨後土濕，夯杵不實，不得不稍寬時日，俾臻穩固，

以昭慎重，謹改于二十六日寅時合龍。現在天已放晴，嚴飭在工

各員，并加價覓夫，趕緊辦理，務期迅速告成，以副

建廑。所有因雨改限合龍緣由，理合。肅請

中央濟生察核

訓示祇遵。函此具字敬請

福安伏候

垂鑒

閏月廿七日

又夾單

敬稟者竊查前謹稟於閏四月二十二日合龍而兩廂附未竟如飭施工因段銀兩

二十六日寅時附發字閲

來稟在案乃自二十六日北岸河水陡長大堤前頭埽時有墊陷情形十分危重

職道○○即與卑職○○親督員弁兵役趕運土料加廂追壓添釘樁橛竭盡

積之力大堤始臻穩固又復多壓厚土并廂做後戧夾填以及邊埽後戧

蓄水盈金門僅留五丈餘至二十六日寅時測量堤前水深一丈二尺有餘

大溜湍急一時未能掛纜一面仍運料放大船至二十七日寅時水勢稍減

即行掛纜合龍已在旗水間水又條長口新堤前指高三四尺埽段又復陡

墊職道○○與卑職○○嚴飭各員弁趕買土料搬運搶廂無如水風狂

陡廂隨墊搶護難堵合職道等不勝焦慎揆度形勢必須厚集土料加工

為修方能合龍適值麥秋農忙之時運送料物實屬甚難其勢尤為不

易勢不能不稍緩時日俟運足料物趕緊加廂追壓到底相機施工堵

時合龍職道○○暨卑職○○仰祈

委任懍惕時深凜不敢稍有疏懈自干咎戾除俟合龍後再行稟報外所有

南岸工程未能如期合龍緣由理合稟請

中堂霽翁查核臨字并任曲增之丞再鈔具字敬頌

福安

五月十二日

又夾單

敬啟者。。日前趨謁

鈞顏，德承

溫霽，仰荷

優容逾格，

訓誨周詳，欽感之私，淪肌浹髓，莫名

中堂霽翁祝鼎介福

具銜崇勛

茲奉在堂視察尤慶。。叩違以來十一日始抵固安，當即接見所汛

各員，據稱近日河水長落靡定，昨接山西大同府電報暴雨，以

長水四尺三寸，現在來源已旺，水勢不弱，幸兩岸填工均告穩固，

上游各汛亦俱平安，差堪告慰。。定於月之十四日赴工防汛，所有應

備料物等項，已飭各所汛趕緊購辦，以資防護。。仰蒙

委任彌重，敢辭任勞，惟有益矢慎勤，督率工員認真防守，以副

建屏再此寸字敬頌

禧安

四月十二日

又另单

敬再啟者。。前蒙

建興由司庫帶交銀兩業已如常存工次現已均發上游各汛應領之款

查此項銀兩嚮因已將承領本年之備防運脚劃劃抵歸款下餘者

應找領銀五千餘兩未據措發到工應值大汛兩期亟應購備料物以

為防守之需乃本年之歲修銀兩尚未奉准　部駁昨年

建台面諭撥給詳　部奏明例歸舊章內　部飭撥本府靜候

札飭祗遵第照　部議籌辦需時緩不濟急不得不仰求

中堂體恤恩施俯於此次府庫領存承領項下先行墊

撥銀三萬兩以濟急需庶可有備無患並此款俟奉　部復撥到即行

請領歸庫而庫款亦不至久懸是否有當伏乞

訓示遵行再此具字載禱

禧安

五月廿七日

又夾单

革職留任永定河道李朝儀謹

稟

宮太保爵憲中堂爵前敬稟者竊職道曾將南二工六號委員盤築裹

頭興工日期稟報

憲鑒在案連日督飭該員集夫購料分派弁兵趕緊盤築正在布置

間陰雨又復晝夜淋漓河水盛漲石景山外委續報水深二丈三

尺七寸較上次之水尤為浩瀚盧溝橋大𡐓村石堤漫水水高堤

面一尺餘汕刷背後土埝上游各汛水均出槽拍岸盈堤勢甚洶

湧以致處處生險當經飛飭各廳汛弁兵分投搶護北下汛十

三四號斜對南二工六號口門抽掣既甚河心又生出雞心灘

挑溜逼近堤根迎埽情形十分危險親往查看飭廳

汛勢甚危險□飭

汛員弁捲由挂柳添催民夫數百人趕做後戧力為保護無如風
雨[illegible]時交加水又續長已與堤平大溜沖激堤土純沙又經久雨
浸透堤身坐潰蟄塌三晝夜之力總以雨大溜急人無立足之地
不能得手無法挽回於六月二十三日丑刻北下汛十三號漫溢
奪溜口門約寛三十餘丈實屬人力不能勝[illegible]職道雖往來於風
雨泥淖之中[illegible]晝夜督飭搶救究未能力挽狂瀾一誤於前再
誤於後咎戾滋甚惟有據實稟請
憲臺嚴[illegible]
奏[illegible]景山同知王茂壎北下汛宛平縣縣丞朱錫嘏職司專防咎無
可辭應請一併

奏蒙至南二千六號裏頭甫經興工尚未盤築現在已成早口隨後

再行補還原堤並用盤裹已飭原委各員弁赴丁汛中三號盤

裹以防續塌所有丁汛中三號漫口緣由理合馳稟

憲臺查核肅此具稟恭請

福祺伏祈

垂鑒職道朝儀謹稟

敬稟者竊○○前將頭二日期稟呈

鈞鑒並於月之十四日後河水陡漲溜勢奔騰各工均形險要其中尤為吃重者如南四工之四號九號北三工之十二三號北四工汛之二號十號埽段同時蟄陷均經○○飭令所派學員分投加廂簽樁壓土搶護修日內水勢稍落將次漸臻平穩北三工之十三號溜刷堤根勢更危險

當即叩禱

河神陸將軍靈佑察撤大柳仰叩

神助旋見大柳一株倒向河溜擋護大溜而溜即順軌而下得以化險為夷

顯應之靈於此可見現在○○但學生分晝夜督率工員并沿堤兵夫上下巡查加意防護而存料均經用盡各汛不時請領銀兩購辦料物道庫墊款早罄無款可籌實深焦慮是以日前學已

具稟飭司先於歲修項下借撥三萬兩並為撥發備防案內即并撥兩以濟急需而值伏汛吃緊之時待用孔迫為此不揣仰求

中堂垂念俯賜通融飭司於月內籌款發庫以資工用以應手藉更意之

實為曷勝惶悚待

命之切專此肅具字敬請　福安

復秋補直刺陞

儀翁仁兄大人閣下日前肅函寸牋 令姪和讓兄附入竹報寄呈諒邀
青及久未
詳長至切想見此忙
隱示備承
錦注河干兩月間蘇以斷延候
處葛孫擢汗牘惟論
復禊晉吉 澤福咸臻引企 賢喬梓鴻殷燕衍。自頭夜以來時長
除工疊出昕夕奔馳董率搶護半月以來甫得撤睡乎穩南北兩
埽工均已廂做完固北岸四二號舊埽添補廂河槽業已刷深當歸
而賜順未堪自謹守臨幸未攔動惟以流形勢時有變遷現於兩岸文
上提坍坡距引河又不遠沖刷堪虞因與 王雪翁過署妥議先於引
河之第二段加做土格一道匯於坍坡之處廂新埽以資抵禦入伏以來
長一次共漲六丈尺而未出槽日來又大為矣但願大風烟雨時
長時消而無驚惶乃所天之福也承 示 台禊晉省概指以候
復或出於均及自當代為周照副 雅愛專此布復敬請 勛安

再啟者：展誦副箋，具悉一是。本屆堤工，爵相已允入告，尚未奉到

明文。今秋秋搶前汛搶護秋汛另資貼補前開（本石子）南北岸易守，茶園重以

諄囑，未敢有違。弟已於本月內遴員接署，惟工程緊要，任大責重，

得人甚難，乃至今日無之。此紀。又頌

請台安

七月初九日

午翁仁兄方伯大人閣下：昨奉

環電，備承

推愛，並中勸家兄之意，寬恬諭

我顧康安。第切葉屆歲心，以日和宜蒸蒸日上，回工傾私。

大營所有本年備防運腳銀兩除抵撥各營之畫外，計撥解新戒宗

歉。四年兩石料山兩如數收正，需用孔亟，時作符

開墾運抵一隔楊枝二千料，緣因鮮（?）孫所業，另具示

示。歲修檢作歉，爵相業經出奏，改歸舊章，業奉到部覆新立文

飭會遵飭辦。向受借文武叙照勘定，自撥撥給，而商量通融

籌周備。擬示周詳，無礙不出尤當衡量，並永作收正需用，

此勢固遠上游各汛險工林立，歲需更不及待，未敢擅收撥則

藩署周转向来该当需时日实属缓不济急又不能不仰请
宪天据实先为筹借以救燃眉一俟事竣再复照章由司请领归还藩库
款最是 谕饬具文领委员赍呈请发
核给工需除不得本年之岁抢修除拟平抵拨外计共需银二万两
千四百两零两钱九分三厘迅赐照数筹拨发交委员早为解回俾
济急需而免贻误之至专此布恳敬请 勋安统维 惟照不一

督宪大人

六月初七日

敬肃者。。前因工需紧要具禀请饬司拨发领岁抢修工程下先行
筹借银两以济急需缘由
宪鉴在案昨接藩司来咨并委员解到同治七年备防运脚
银两除扣抵前借之款外尚存银两计找发实四千五百三十七两零
当即照收支发工用第杯水车薪仍属不敷周转其岁抢修
拨到藩资接准文内未据部复岂遇请领不得不暂为变通
先于藩库筹借以救眉急旋又接藩司来函以部文尚未奉
到无凭给发在案。。查备支前内借拨给部复以请领
归还该库款尚可通融办理等因查定例本年估需岁修银一

萬六千九百九十五兩零不等於修築一萬三千五百兩計共三萬〇四百
九十五兩零不等除扣六分部平二分司平陸因以三千兩按下口糧款
三千兩實領款二萬五千〇五千兩零現已備具文領委員赴
司借撥當此伏汛吃緊之際時待用孔迫惟有仰求
中堂察核俯念工需緊要即飭藩司先行籌借迅即撥發應
於五工所有秤蓋石塊凹積之工再此項工需撥到日
即行核領歸庫合併聲明專此奉肯敬請 福安

謹呈 紅白字 宮摺稿各汛伏汛安瀾由 六月十九日

敬肯者竊〇〇自交汛以來親詣工次督率廳汛督員人加意防守晝夜巡查
不敢稍有疏懈惟永定河入夏以來水勢漲發長落靡定上游各汛險工林
立前於五月十四五至六月初八九等日疊次盛漲大溜奔騰勢極洶湧所有南
四北三北四上等汛同河積險業均經搶護穩固情形肯業
主發在案自六月初十日以後雨連綿十九七八日河水續長統計石景山汛水委
截於長水九尺九寸至一丈六尺溜勢逼近堤根情形十分吃重各汛中最
險者南岸之南工南二南三南四北岸之北三北四上等汛或堤段串格
入水或者坎坷刷掛塌勢甚危險均經〇〇隨時督率所汛文武各

員弁等分雨夜竭力搶護，分別加廂搶廂，由排柳相機抵禦，幸河流
暢順，河槽皆通，兩岸上游各工得以先臻穩固。兹屆立秋節氣，麓灘
搖現存底水八尺九寸，探石景山南北兩岸同知县報伏汛安瀾前來，
此皆仰賴
中堂爵憲福星遠庇，
河神默眷効靈，俾獲化險為平。○○忻幸之餘，彌深寅惕。兹伏汛已
保瀾恬，而秋汛為日正長，仍恐水勢僨漲，自當益矢勤慎，仍前認真督率
所汛員弁多備料物，加意防護守務，期保衛周密，以仰副
中堂爵憲慎重河防至意。所有伏汛上游各汛工程平穩緣由，理合寄稟
憲台查核。至南四南七兩處堪工引河事宜，○○派委員弁兵丁赴驛看守，隨
時慎密防護，均臻平穩，合併聲明。肅此具稟，敬請
福安，伏乞 垂鑒

六月廿七日

本任永定河道孫
程蘭仁兄大人閣下：昨親
蘭覲，藉聆塵教，履暨秋祺，別勢中心，睽睽遥佇
旌麾[illegible]
蓋勤茂著　景福綏崇，引領頌心。弟于十六日出省，現因連雨走作泥水載

道出之汛滞[illegible]俊越百余里，来之墙倾，候至十日晚始抵
工次。次日至秋伏汛安澜，[illegible]长时清河流畅，漕河深通，秋
汛从此[illegible]保阖[illegible]雨两日，西风叠起，[illegible]工引河六均得稳固，[illegible]白露
节后[illegible]可[illegible]秋分节时可与工程[illegible]
题于八月内告竣，第未知能如愿否耳。吾兄[illegible]借[illegible]
已蒙[illegible]面久[illegible]
以数[illegible]代为[illegible]
好在叶承[illegible]
归[illegible]

勋安，诸维[illegible]不具

弟[illegible]顿首

六月廿[illegible]日

暨其夫弟

敬启者：前〇〇接谒
钧辉，仰荣
[illegible]承，
[illegible]切慕忱。十六日即辞[illegible]，所[illegible]自[illegible]雨连绵，泥水载道，[illegible]
百余里[illegible]，[illegible]所见禾稼[illegible]

並謝勤懇 秋成擬慶 此皆 仰賴
洪恩覃敷今年板閘下埽險較之往年為多各工次日節届立秋承
宣洩水勢日漸長三四尺不等幸得流暢順以漕渠通行以隨長隨消
上游兩岸各汛險工平穩
福庇安瀾穩因現在伏汛已保瀾恬而秋汛為日正長自當慎益加慎督
防廳汛員弁毋分雨夜加意嚴防以期足資保衛所有南北兩
岸鑲工引河各口派委員弁兵目分頭專駐看守隨時嚴密防
護均臻平穩 知關
垂廑謹以奉陳為此具寸丹承稟 福安伏惟 垂鑒
六月廿二日

袁補直對陸
儀卿仁兄大人閣下月初接奉
惠書當即肅復寸箋匪寄度已早達
左右月之廿日又接 手函備信切心儀彦承 藻飾之優倍增慚恧之
衛戴穩祿 比維侯度 潭福延鴻引跂 吉雲定符欣祝本年以
水時長時消伏汛雖內亦有疊次盛漲之時所幸以河流暢順以漕渠通
不至盈堤搶岸各汛險工隨時搶護均臻穩實茲節届立秋瀾恬堪保此皆

仰邀神佑，俾歆天之功。秋汛方長，殊深兢惕。本於本月十三日專省碣

見齊相，即收堪工，引河防護平穩，及挑下大工需費甚鉅，著俟接辦時除

當審看，冒先即諮因算款，諒因此左藏不充，恐諸实為美備。且

未丟影，趁此無如，約于七月內蔵事。○以秋汛水勢，當限坿辦，擬于因循

于白露後，復估秋工，將時即可動手，須於八月內告成，乃妙。諸路務於白露節

前赶辦，庶可兩求。惟不得以有所并進，猶不勝仰穫之至至。貴署撥示

遠和，尚須靜養數日，方能赴工，而議定實不無遲誤，已於齊相前

回明矣。閣下家代一莫冰晚，方伯談及，俟令早日清結，勿再延緩。

○所擬名件之數，已于此次在省時言及，費切當，徹周知閎。稚屋所以

謝及三此本復，即請升安

七月朔日

奎承寧道往

惺翁仁兄大人閣下：昨奉環章並諭，芳示穫悉。閣憂務切，感快感

甄款日林。寢和時保被荐之頃，本自因工作，秋雨連綿，河水極猶有長發，

溜勢頗順，撥庶及情形，八月初即可動工。知能速為妥，自可告成，但

須經費寬乎，方能備辦。惠書其推仍操之自是。承詢歲撥修護

部案費了，部所以美至，馬文標任会同移因備防，往御周樣

未便議改且本年業經奏明咨出尤難更張業批已定之事可接回

是以原議需費甚鉅此次並似不及此等之工可以少費也查　方伯

亟應借之款昨接委員來字催上批費五千詳文在辦此時亦無可以

如何核發再行備文請領可冀年前陸續發給　新安惟　照不宣

督憲夫子

敬肅者竊照本汛以秋汛兩河水性退緩每逢盛漲險工前後伏汛各處

搶護平穩。。業已具報

七月七日

茲查在案入秋以來河水長落靡定溜勢與伏汛無異而秋水搜根淘刷愈甚自六月

二十九至七月初六等日秋雨連綿上游叠報長水積至二丈四尺勢極浩瀚為歷年

所未有以致各汛節節搶險。。卑職晝夜馳赴各工督率廳汛員弁及沿堤兵夫

著加意防守不容稍懈乃初八日水又陡長全河大溜湍激異常據署北岸同知程

守報北三北四兩汛埽段全墊要南岸同知余丞守報南上汛八九號及十一號等水

與堤平南下南二南三南四各汛水上埽面埽段同時墊陷其中尤為吃重者南上汛

之十五號堤埝埽岸岌岌可危南四汛則九號護埽十六段走失十一段搶刷

十分危險等因。。當飭汛員外委兵目等分投搶護一面飭南岸同知

余丞馳赴南上汛十五號（勢極危險）督率汛員趕緊搶築加高子埝以資擋禦隨即

親赴南四汛察看乘坐渡船搶購大柳竭力抵禦竭一晝夜之力始得

漸臻平穩惟現在水又續漲測量水痕有長無消上游實為可慮深恐溜勢

堵高堰者漫溢之虞。○ 初次微慎，一面將此各險工搶守，○日星夜馳赴南河
臣十分踴躍親督搶辦，務當竭盡心力，俾得保護穩固，以資仰副
中堂素垂念河防至意，併此上聞
稿底俟險工處處安穩，再行詳述詳悉，至南河秋汛長水搶險情形理合詳報
憲台查核
即此專函，並請崇安，敬頌鈞禧，職某伏惟 垂鑒

再秋水過大，南岸汛十五號漫溢處內

七月十三日

又

紅白字

敬稟者竊。○○ 前經伏汛盛漲，各險工俱經搶護，得保安瀾，業已具明
憲鑒在案。立秋以來，自七月二十九至八月初六等日，秋雨連綿，據山西大同府稟報，桑乾
河來源漲發，旋接石景山汛稟報，委載報，發水長水積至二丈四尺，今河滿勢洶
湧，各汛紛紛報險，搶護本河各號北三汛土堤南岸九號十三號，北四汛二十
號塌段全塌，又南岸同知所屬各汛南岸汛之八九及十五等號，水與堤平，沖刷堤身，南
下汛之二三五及九號七號等號，南二汛之三四五六號，南三汛之六七九及十五等號，南四汛之
の九及十二等號，各堤間段塌陷，均係分溜頂衝，雖經搶護，幸保無事。北中
汛南の汛九號，南七汛十五號等情形，極為危險。○○ 一面飛飭各廳汛趕赴南岸，嚴
督兵夫，趕搶竭力搶護，一面親赴南の汛九號，查看得大堤十一段，溜逼堤
根，間有陷塌之勢，恐難保固，搶大柳，以補護岸，并調集工料，星夜搶
護，竟一晝夜之力，始得脫險平穩。當將情形，趕赴南岸汛督辦，逐次搶護各處險工

耕十两号大溜逼注堤身间断漫水即饬汛员弁兵多集村民赶买土料加高子
埝出水二三尺余，又由挂柳搂囤防护，断形得子不意。和又于水势陡涨，北风大
作，县汛腾空越过埝顶，幸有大柳密植相持，出时之处，未至两尺，且刷水
又陡长二三尺，护埽柳株全行漂失，大溜一涌而过，口门刷宽十余丈，实属
猝不及防，人力难施。理合据实禀报前来等情。据此。当由道飞饬至十两号查
看，已经漫口，夺溜无可挽救。○○查前次伏汛时，工程紧要，饬各厅汛当将各工埽段加厢
预防，先已多储料物，备工堤后柳株，以资临时应用。而此次据村民佥称，水势陡
大，冲注堤身，不能容纳，所以致漫。查上年大汛陡涨，连底水二丈二尺，又潮查道
光咸丰年间，从未有涨至二丈四尺，而今年竟至过之者。○○数年历道工查实
河身自上而下刷成深式，上下皆高，而水之去路不畅，自北而南河底刷成深子
两岸皆低，而水之旁注顿易，重以秋汛淤积，溜意则分
夺堤埝，甲首水性就下涨发，何遏水之溃决，实系近日之实在情
形也。惟北岸同知○○○、南岸汛霸州州同○○○专司河防，○○疏于查防，不能
先防，为平日偏废，无可辞，相应请
中堂察照某按实参奏。王协防武弁署都司南岸守备○○○、南岸耕
汛○○○，合并声明。再查此次漫口由清河顺流而下，被水村庄无多，人口
无伤损。在○○调集兵丁，所有贫弁赶紧备料物，堵筑襄办，
以防伏汛，除仍饬所属加意防护，并将外合秋汛至大雨，另汛十两号漫
口原由先由六百里驰奏
建台查核 ○○○谨禀，叩请勋安，伏惟垂鉴

又加单

七月十三日

敬再启者。。自顾輇材仰蒙

委任权摄斯篆亟思力求整饬以图上达永图荐任有以自励而西四方中

濠隅生成之治抚今筹策自新发激和忱论肌浃髓追怀而而

而七西大工方殷实属惟是迅速告成或可稍宽宵旰又值麦黄秋大

圜功未竟时切悚惶入伏以来兢兢业业窃幸检护安澜现已节近白

露正冀水落归槽即可设法估前工魁与亦证是秋水陡涨倍大于往

年各汛纷纷报险东奔西驰昼夜不遑分投抢护各工虽臻稳定而雨

工汛十分骤堤埝早落溜势频越抢办不及殃及群黎在。。圣主

圣恩下为民生中怀实谊难得以重咎乃原应自劾今年秋水横流实由

道光戊年历年所未有何身纵侈已久河工靡弛已甚横润之形扶类陵

夜踞辉察纳吞向有全门闸厌草荼旗尚宜俯察微之臣年来历任堵闭不

致忝救一过感惭无从分消傍惶为患恐不胜防委係实在情形可否仰乞

鸿慈俯。。准降级留任出自

恩施逾格不胜激感之至再查南岸同知。。邢原西汛陈工林立防守大汛

往来抢护不遗余力而北汛霸州。。。溜冲险工抛石堵截多方拯

护可前后屡勉从公临之以宽敢稍挪实图成效势惟大人力难施与

寻常失事者间可否仰求　法外之仁量从末减稍请处分冒昧

濟陳懷堂至地函兩呈宇大兄 垂察 七月十三日

敬承任承宣河道條

惺翁仁兄大人閣下月朔呈函寸函詳陳一切計已早邀

丙察日前接閱省抄/析知兩路軍情已均捷報矣

先督理籌備

勛勤素著宣霈

榮列剡章寵綏

恩命昌勝敬頌於宣河入秋以來河水時有長落自六月廿九至初六等日

秋雨連綿上游暴漲長城各工紛紛報險郡藏分投搶護

方幸漸臻平穩不料初七日水又陡長積至二丈四五尺金門

不能容納以致初八日附南上汛十五號漫溢實屬出意外

在案則上奏　更恐下游民居中攸實深惶惕有負職守自責

兵復以之是以各宗將來偏來設函為新

於接睹時代為籌違憫忱又值費支絀前工未竣公帑款已難又添此

一番周折而理更形艱苦書不盡實屬不堪設想

知己亦念

足資修防不敷之節
費相應已撥交宗翰矣謹此附函此敬請
勛安諸維
愛照不宣

王小卿

七月十九日

宇尹吾夫子
敬啟者○○日前接奉
鈞諭仰蒙
垂念殷眷　周詳訓示益深感佩慕切懽忱慕念
大人福履延綏　具福萬祜　並蒙在望毅露起居○○　目擊工作以本屆伏汛
漲發出險工機修守嚴寒伏汛得保安瀾乃自此月廿九至七月初旬以後秋雨
連綿上游之水積長水積至二丈四尺各汛坍險南北兩岸多至數十處
晝夜奔馳分派所汛兵共搶護平穩不意初七夜水又陡長決溝之堤積
於往年兩工汛十兩歸險情騰空越過堤頂將機再接水不惜重費以資搶
護石又新增險工多　前接伏汛各工兩岸所汛多購料物以備不虞未敢

不克子頓防守以水勢過大全河不能容納定生變故無可如何矣。僥
倖全河經有應消之量設能歸槽遇有秋水横流實爲數十年來所未有參
查上年盛漲之底水二丈二尺又嘗查嘉慶六年漫口十三丈之水尚不及二丈
而道光咸豐年間亦從未有長至二丈四尺者今年之過大者實係河身
自上而下形如船式而水之去路不暢河底自北而南形如覆瓦而水之傾注
於南重以挾沙善走秋水山積堤埝卑薄備受可慮查向有金門閘及灰
草各壩爲宣洩盛漲之區年來均已堙閉不能啟放無處分消尤易漫溢
且更因經費支絀各汛堤埝土工年久失修在在堪虞一經盛漲防不勝防壅
潰爲災莫之能禦此皆永定河之實在情形也本年當兩汛十分吃緊之際
稍殺屢次水已消漲勢不可遏無可挽之處我誠詳閱現南岸汛險情
淄而下游亦涸得免承濡之災且搶築堤壩總算無恙仰賴神靈默佑得以手抄者能
人之所能防禦也惟是此間循渠缺及早撥在。至幸甚惟是下游民田被
淹無處遁哭已無可救中書據實恭奏一面札飭西路委員各員就
近上下游勘估河堤各工俟掌飭後擬實核定勘數若近迅中堂籌款興辦
秋分以後即當擇吉動工務於過速告成以副憲屋垂念民生并候閣覆
伏乞垂照敬請鈞安

七月十九日

蕅舲書

午峰仁兄方伯大人閣下：前在省垣快聆教益，藉展私忱。自别芝儀，時殷葭溯。

辰維藎勤宣猷，景福延釐，引跂屏衛，定如心頌。自回工次，即屆秋汛，

河水雖時有長落，尚不至十分洶湧。乃自七月二十九日（以下同前尺稿）

七月十九日

藩台 加單

敬啓者：月前委員回工，接奉

大諮，並解到本年歲搶修實銀五千兩，如數收清。正當需用孔亟之際，

賴成籲蘇涸鮒，曷勝銘感。惟於本年冬汛，庫中又復懸殊。

查此項銀兩向由新庫撥款，於頭年十月間領到，當即籌發各汛，

於新料登場之時，如數採辦，堆儲工次，以備次年三汛修防之用。

自撥歸新糧儲發給以後，至夏季嗣因庫款支絀，年復一年遞

至夏秋之交，方能全發，而本工應辦之歲搶料物，仍須年前採辦，支應

去年冬季由道庫墊款墊發四成，不敷之數，仍令各汛

員先行墊辦，俟此款撥到，始全數發給清款，歷年並無貽誤。

乃自近年來，撥款愈遲，各汛所辦之料，均係賒欠，挪移屆時

不能歸償，以致料戶居奇，每逢搶險時需用料物，不能立

汛發■後若異常之力搶辦，道庫又一空如洗，無款可發，

遂致束手無策，此所深虞者近年之實在情形也。所有

暨望日前以承定將所欠本年之歲搶修銀兩本准 奏墊

仰由

貴司於存糧項下撥發 印循照向章咨領等因。前因 伏因大汛時屆，

湍頻仍，險工疊出，各汛搶辦之料早經於發要工動用無存，

雖凡必需之品要日甚一日，自應以備要需，隨時採買，而本年春汛之項又復

移之請領，實有追不及待之勢，且此時所領之歲搶修銀皆係補發上

年各汛應領之項，並非本年各汛應用之款，若特借支領委

員賚呈

冰案務乞

俯念工需緊要，即將應領之歲搶修二萬餘兩全數撥發，飭交

委員早領解工，以濟眉急，感荷

隆情實無既極，本深知

鈞關寔款兩難，原不應屢瀆

清聽重勞

藎畫，第迫于不獲已，不得不仰乞

雲大橫千總刘
鑒原是荷专此函恳并颂
台祺 不又启
守智書 未平

八月初一日

敬守者。○○前將秋汛盛漲南岸風十分若漫堤情形禀述
重蒙在案。茲于七月初八日風狂雨北岸東首堤埝衝刷南岸風九寸
南風九輛因水勢過大沖刷堤身間有堤岸報缺，飭將七月
十五日照舊律修築完整各處堅實堤頂堆土近補分段匠役
上游滔勢漸平下游亦漸消退。○○南工回署查勘並所帶同學委員
親往各段詳細勘估南岸風十分報坍各處及應挑引河丈尺土方
務須核實文南岸東西兩處未竟之工並御築水圍民各欵均合呈報
計需費近數千串核實作價等估報收辦理務求核實節
稍節
宜合利益確定修此項經費而理，至慮過長需費甚鉅何款動撥
銀兩此項費支給之時上煩
玉照此懇祈示遵 東岸負欠民情深為勝惆悵之

萬年堂調甫督辦年 加年　　八月初七

敬啟者：前〇〇接奉函，聆悉工方延宕，是遠去成高位矣。

貴州大吏諒深合據東騐所呈殘在運河之南，不敢擅據者，今仗

承詢河堤工之收限之謹，僅至秋汛，承辦善因，當即飭詳　督批准。

入秋以來，河工處處出險，方據護年保安瀾，不意八月廿九日忽出等因，自秋

雨連綿，來源甚旺，各汛紛紛報險，多至數千丈。〇〇昨夕又通令認搶

救，各工堅穩，惟前南岸汛黃河歸堤埝單薄，此勢必須雅不惜重

費撥款搶護，庶不及致潰決之虞。〇〇鐵路全河險有應得

豈敢以此勢過大全河不致寬倘飾辭諉過，已平請　察核施行。

今年八月初，檢送當年查東河日陳中外臣民同深慶幸。

劉前堂瀛生之載寬厚謹慎，公忠體國，不畏難，不辭勞，已歷多年。

務必著勤備著力保嚴飭，功不容沒，茲此次議敘奏請，功不可沒。

事觀成而直中官民，眷懷同深，七而益承蒙以見仁愛及人之心。

而恐過之未嘗一日泯，必知聞之，景慕殊深，河帥依依　垂鑒

復本任承宣道徐

惺翁仁兄大人閣下：月初三四日連奉

惠書，正擬裁箋函復，茲又奉到

手示備悉。

閩垣鐵路無從興築之舉，諸西要著，是以節省白霞所

防五廳常因營委員前往勘估，乃餘鎮稽延，近今尚

未勘定，實係直至一來，既擬月日起南出，晚九日已到齊

場履土，即在工次起行，由添派晉省，已札飭估工各員在工

籌辦，即將勘估各工并冊函定，並檢成年六七年大工

案卷一併帶往，以備參考。惟細閱燕案，今昔時勢固

然難察，又詆下到省後，雖前定議，而今之計，惟有繫承

深相作主，於下方克有濟。唐星泉南以之期究定

日日起程，更約於十一二日難到省，定當趕送行旌

話別。一切當財

覽而餘達，是七下章此函復，即請

勛安，餘容面罄，不盡

如弟

十月初七日

寧南上汛十五號漫口估計河填工數由　八月廿[illegible]日

照寧者竊　咸道　前將南上汛十五號漫溢口情形寧報蒙

憲鑒核奪

批示　云云　箐因　憲卯札飭南岸同知余[illegible]倩等馳赴南上汛該處全河

形勢並將河堤各工核實估計，旋據造具冊呈，稱共估需銀十八萬

五千有奇。咸道　詳加察核，雖係應辦之工，惟刻值庫款支絀

仍照自應核外撙節省，當飭令原估各員再赴該工，悉心

再行復查，分別詳核，復核全工等具冊呈覆，並稱逐細撙節，大加

刪減，實係引河工段太長，堤埝卑矮過甚，其河堤土埽各工估需銀十

萬五千九百餘兩，實已無可再減。咸道　查該廳等所呈明

實在情形，復經親赴南上汛，按冊復估核，細加丈量，實係[illegible]

秋汛水勢過大，塌滅不及，以致兩岸堤埝均刷殘缺，[illegible]

淵墊為築土工多年未經[illegible]河身日高，堤身日矮，若再[illegible]

欲至年可施工。成已再四且往返，不敷稍涉虚浮，致涉冒滥，亦未便已
核，间陋再致有疏虞，于无可删减之中力求删减，又核定银一万二千余
两，计实估需河堤土埽各工程银十一万三千八百余两，妻候奏准再减
核定请

宫太保中堂麾下核具
奏，实为公便。再本年节令较早，如须俟四月内兴工，九月告竣，迟至春
土陳堤案未能坚实，恐娴有贻误，所关匪细，并伏乞
鉴发施行，兼饬县将岁修奏请
钧示，伏乞
垂鉴

八月廿九日

尹堂 夫华
敬肃者，日前寸丹恭叩 秋祺，度已早蒙 钧察。敬维
大人景福骈蕃，勋猷丕懋，梯畔仰瞻，蔼颂无疆。某以供职自愧驽
庸，昨因秋水横流，南北汛文復矣，乃抢救不及，负疚滋深，刻当冰落

船槽之费已于正月间赔合乃以自上而下往返过长经费甚钜前饬各厂帮
同坐委员周历勘估计需银十万有零值此时艰司库支绌一时筹款不
得已亲赴省垣面求
爵相备将实在情形详晰陈仰蒙　垂恩高
厚格外优容允为　奏请　部拨以资兴筑惟约须需时今年可能
较早启办各令势已赶办不及祇可先办应用料木等物先行采购
接续工次一俟来岁春融即行举办庶可无误何或不至有迟误之虞至
南门南关两处早以为不能及时堵筑矣知问　专肃泐详陈恭请　勋安

督宪夫子

八月廿九日

敬禀者窃○○日前晋谒
钧颜仰蒙
温谕殷勤
周详训示感佩浃髓慕切瞻恍恭维
宫太保中堂爵前起居集福骈蕃
禔躬康泰
荩筹在望祝颂尤虔○○即于二十五日驰回工次于目前赶
南门二十七八号查看形势所有土埽各工及河岸筑尚不难完
蒇至复于次日驰至南门十六号查看水已渐见消落现撤芟埽

兩堤土工異常堅築堤基隨即遵旨俾口門日有收束均擇吉於九月
初一日動工。。當即親往工次往來查勘嚴飭在工各員分副趕辦
務要堅實不許稍有草率偷減以副
聖廑再此次工程因時無多需用錢糧除前蒙
天恩發給外其餘每年之歲搶修飭費分內再仰求
恩施念通融飭司寬為籌措以濟要需不勝懍懍叩禱之至專此具覆
敬請 福安

九月初五日

又

敬肅者。。日昨蒙示下催築兩四兩七工程並兩土堤中六埽
壩築竣訊興工日期等因 查堅在案業已即於九月初一日同時動工
。。親往兩四大堤督飭趕辦並調集兵夫添雇民作協令層土層柳
堆築堅實並派河廳各員認真催督不許稍有草率偷懈。。復于初四
日親赴兩土堤中六埽詳細查勘水勢已見消落所有兩堤土工現已一
律興辦隨即堅築堤基兩面進占務使口門日收日窄再行盤頭裹
頭以資捍衛 再查土工兩處辦積料每垛六七十金加以運腳至八九十金不
等嚴勁每斤二三百餘文正雜各料價不異常昂貴現值秋料登場價均

減半可以收買六易但必須此時採購預儲工次備工用應料尚可去年

修作以歲搶修銀兩豁貸錢糧倉庫兩款所用不足不仰乞

恩施請用先將蓄買積實銀二三萬兩以濟工需一俟撥款後即行

如數歸庫斷不至日久虛懸刻下專待回玉復時我由司庫赴為當

整刷奏設措乃方。。鳳沐

隆恩優寵逾分宦無所報效欲稱以贖前愆惟有不惜竭奮實力實心凡於

在公兩錢恪遵將令工程事事據實覈辦工用不致虛糜以報仰副

皇太保中堂高厚栽培之至意耳專泐肅布只請台安 勛安

九月五日

藩台憲

午後惠君先方伯大人閣下日前曾函寸箋諒邀一切計已早邀

雲登昨孫委員回工接奉

大諭並解到兩次撥發本年歲搶修實銀九千四百兩十文兩零

如數照收正當待用孔亟之時仰荷

閣垂念逾格感此戴德爰將銘感情形再三敬肅並已數日無大雪

集並購買正雜料物一經支發所已無幾惟現值

工程吃緊之際，勢難停待，為此備文仰祈

電示，撥予即將應領尾款全數飭令補給，以資周轉為荷

鑒，亟查本年應領歲搶修銀兩，除三次撥到實銀一萬四千四百

五十七兩零，又除扣歸上年墊大工銀三千〇二十二兩零，并

扣部平及庫平，計實應領銀一萬〇六百七十兩零三錢九分三

厘，茲特備具文領，仍委候補主簿孫劉等前往請領，務乞

俯念工需孔急，照此應領之款如數撥交該委員等星夜解

回，以濟要需，是所盼禱。再此次工程因時無多，用款尤難

於例款之外，實屬萬分支絀，並希垂察為禱。祇請　台安

又加單

敬再啓者，前蒙　壽相面諭，永定河歲修諸合工程需用浩繁，勢

難籌款，即因　閣下會詳　督憲兩院，現已節近霜降，為時甚迫，

上奏請撥，因部撥特撥需時，自應早日上詳，許將所擬詳稿

錄呈　欽案中如有未洽之處，務祈　鈞裁，更正並附呈空

白印文一套，如蒙擬由卑職保呈遞，是所感禱，

查請錄成案未悉　鈞閱　□□稿　□□□　□□□□□

三爷并弟　均鉴　两衙载阅　各纸

九月十三日

督史夹单

敬悉者宫。。前将镇南门之南之堵禁工程并南上汛漫口壁筑禀孔情

形备字　来覆查南上汛十南归连日攒工施工并有前代秋汛冲

刷间有港漕之处现已一律补修完整并坚筑坝基即可无

而逆其当防厨汛各员多等安支设其获办。。推初八日起

回南四大堤会同委员陆牧仿督帅作即于初十日前赴南七工查

看工程该委员前工已印告成于未敢之工也须加高培厚计以须计

可完竣十二日复回南四大堤于土坝各工较多约二十日可完竣

可现拟于十四日同委员性守前往南上汛口门查勘核令赶紧

道其不得时日以天寒上冻不能施工而止应以门面收合完整外壁

任豪认　如归来无误大工时较易堵合。。[illegible]风案

吉厚之施专动指拨之拟作有实可求是凤相在以以计行词

建厘于万丁回出具字慕张　福安

又会　委员性守名录

学南岸汛十南归漫口堵筑事宜罗璞

九月廿日

敬学北移早存。。二十八月十三日接到　建礼仿赴承实门查看南上汛

十五郢漫口情形等因，即於二十日仰揭　钦颁御票　雨余移缓真查
勘。九江积有处所，並即由省起程，于九月初二日驰抵周口，随同 藩道○○
查得南岸沉王二年久失修，内身低矮，土堤单薄，防汛前后
险要问题，汛破残缺者或十数丈或数十丈不等。汛后又复长
水，致有刷成沟槽之处 藩道 等督率厅汛各员，集夫择要，施
工，俾令书夜兴作，现已一律修补完整，并经筑堤，一面由各堤道
堵截冲缺，并饬大桥、吴家垸、回旦坡、势圈、归庙、大堤、信滩等处，查有
俟端之处，口门置已收窄，丈尺估计，河面二十丈，查南岸沉下
河防沿岸，亦以多处时日节节工限，一时不能抽挽，今须补修
南○南岸堵合工程已内。 藩道○○ 另文伸报，务期稳固。 随同 藩道等查
勘南岸沉中十五郢漫口，兵丁堪察裹扎完竣，俾由理合察核。

宫太保中堂察核　 训示祗遵。再十五日禀奉 督宪指示

又加笔

敬禀者○○ 十月二十五日，会同委员候守，驰赴南岸沉十五郢，查勘
漫口情形，经修补坍卸缺堤，险工堤基相机，随即估工，饬各管汛等
工程，查该处旧口门宽一百五十余丈，亦即督率所汛，将灵火昼夜
赶办，所有两堤坍卸残堤险段，现已一律补修完整，东西两堤甚为

稟

已築之堤即兩面進占各十餘丈，丈量口門計尚有六餘丈，要此天時尚
暖，迅速施工，愈收愈窄，未有收至四十餘丈而擠固掌壩底，員等當
稔口門收束過窄，與來年桃汛時河流不暢，致有沖刷之虞，現擬收
至六七十丈居度即將裏頭盤築，以資捍衛。○於十八日回至南四大
堤查看，土埽各工已有七分，約二十日內即可告成，即將此處工程交委
員陸牧會督加理，至南之工程日內即可收竣。○程黃宗漢才二十一日前赴南三汛經
辦工次親督加修整進占等工，認真修築，寧之處再行稟報。伏以
崇大都祺，專肅，敬請鈞安

紅白字

敬稟者：竊職道曾將南四汛十七號大堤緩至秋間合龍，曾同卑職○○稟請 九月十九日
奏報。嗣因秋汛水勢過大，南工汛漫十五號口暨汛後續重漲重塌情形，亦經
職道節次稟報各在案。查此汛旋後奉
憲諭令將南四工汛趕辦合龍，南工汛漫口盤築裏頭等因。蒙此，伏查
職道五月工汛當即親駐南四工，嚴守兩頭，填除分撥各汛搶護險
工，仍駐宿填次督帶廳汛委員弁兵晝夜巡守，前經大汛疊次盛漲

危險異常均經職道不惜重貲隨時跑買趕搶鑲竭心力得臻穩固且歷大汛愈覺堅定幸前工之未棄即加工亦無多止須增高培厚並加鑲埽廂再行簽樁南七汛大堤前已堵閉亦僅須加修工程尤易至南處引河前未啟放均尚無恙但自夏徂秋難免風雨飛沙亦應挑符原估職道卑職等會同督率廳汛營弁廣集兵夫昨於九月初二日動工飭令趕辦職道卑職等並分馳南四南七等汛嚴催日計不足繼以夜作未及一旬幸已次第告竣遂於本月　日合龍查今歲秋雨過多南四汛大堤以上間段積水甚大昨經疏通啟放歸入引河並所存兩清水順流至南七汛引河直達尾閭沿河週閱數次均屬通暢無滯所有南四汛大堤以南之坑塘早經圈出在外十八號溝槽十七號原堤均於此次一律補完矣再查南上汛隄工失修年久卑薄過甚前經秋汛漫口之時間段沖破殘缺者或數十丈或十數丈不等汛後又復盛漲間有刷成溝槽之處業經會同委員候補知府張守勷詳察情形擇要施工均已盤做裏頭且水

勢漸涸，瞬屆天寒結凍，不至重塌，合併聲明。所有南四大堤合龍、南七汛上號大堤堵閉暨南上汛十五號漫口盤做裹頭緣由，理合會同稟請
宮太保中堂爵憲察核具
奏，寔為
恩便。肅此具稟，恭請
鈞安。卑職○○、職道○○謹稟

九月十九日

督憲 加單

敬再稟者，查此次南四、南七兩口堵築工程，需用浩繁，因值庫款萬分支絀之時，未敢率請
帑項，仍援上兩年成案，由外籌措，先在藩司庫中借撥應用，隨時籌議
歸補，另文詳明。而兩處口門堵築究竟核計動用工需銀兩，要係竭
力撙節，不能稍涉虛糜，除引河、御壩及各工實用細數容俟核明
分別呈報外，所有南四大堤工程，除南七工堵合旱口動用銀兩若

照錄六塘四成案呈繳塘項，除前領到

憲台飭發三成塘款銀兩，已如數照收支用外，所有職道陸本任經

管塘，例應分賠南四南七堤工四成中各三成銀兩，已於四月十八日

與署南岸同知余[illegible]偕三角淀通判朱津、南四工固安縣縣丞胡樹

北六上汛良鄉縣縣丞、南七工東安縣主簿陸楓承辦南七堤工[illegible]

縣丞馬光泰，應賠銀兩均將自[illegible]開明陸續呈繳，實係成[illegible]懇[illegible]

躍趨公，當查本任所管河道係。。去年因北三堤已決，堤過水

前督憲劉　奏參革職留任，摘去頂戴，嗣于十月杪天堤合龍

開復，未及奏請，適南七工又復失事，部議降四級督賠，本年無[illegible]

道光期奉調河督，奏派督催糧運糧台，未克分身來工，而一切帑

宜均與職道往返函商，且首先措繳賠項，以濟工用，其原參各處分

擬道函請案內，仰蒙

憲恩奏請開復，於去三角淀通判朱津降級處分，南四工固安縣縣丞胡

職留工處分，南七工東安縣主簿升署北六上汛良鄉縣縣丞陸楓、[illegible]補[illegible]

馬光泰、南岸千總李柯、革職留任[illegible]

應並遵辦，即於此次
奏報合龍摺內，附片請予開復，抑俟南上汛漫口堵合，併案呈
具稿之處，伏祈
鈞裁。再，戴道、陸署南岸同知余沂、借署河營守備袁署都司尹
均有南上汛漫溢處分，未能於先行開復，前奉處分文，此
工告竣，所有在工出力各員，均經唐觀察照例酌量予獎，其
汛南岸合龍出力，均係堵築完竣，併案申請，合併聲明。除將實用工需數目
實銷賬細數另詳開摺，於函面具呈外，恭請鈞覆，伏乞
鈞安。職道〇〇謹又稟

九月廿六日

文夾弟
敬啟者：〇〇前將南四大堤合龍、南七旱口堵築完竣並南岸
汛堤築填基樁、裹護各情形，均經會同委員傅守陸牧分晰
具明，諒邀鑒察在案。〇〇茲於二十一日起赴南岸汛，諒
在西堤等督趕辦理，逐日進占，現已收至百丈以內，得以門合

東盦宗 須至抱塘不能二為平至此項大工用款若干

建台已允撥款並請 部加理 業經入 奏。前已派員入都往探，日

昨回工據聞部意 天恩允如所請，由部撥款解工，竟收其微

建台護國之公忠，乃能荷 聖恩之高厚。功成保障，洵善世

成，從此據實伊始，應得無作，以實擊時皆出自

明鑒之所賜也。惟責任益重，殊增愧念。除自應竭力實心籌辦

竭盡心以圖報稱於萬一外，惟計 部撥各款按照需

時而現值工程吃緊之際，待用甚殷，道庫所存業已告罄，築

堤購料需款正多，實有停不得停之勢，不得不仰乞

鼎力施飭司迅將前欠之款檢收實款一萬兩，並 左宮保解存

電局部撥之二萬九千兩，示領，俾早解赴工次，以濟急需，至為感

盼切仰禱之至。專此奉布，敬請 勛安

敬錄 部撥各款數目清單恭呈 東北塘 山東地丁三萬兩 閩海關稅三萬兩 天津關稅二萬兩 左宮保撥四萬九千兩

十月初九日

建夫弟

敬再者：前蒙 日前曾由司將注需各工次需用近情形

断宗陈

央鉴：連日晝夜興作，兩堤通占界十餘丈，丈量口門已收至六十

餘丈，當於月之初七日飭令廳汛督率兵夫，將兩裹頭均使堅築穩定，

我遂於初八日回至南岸大堤，查看土埽各工，一二日内即可告竣。

即回署清釐積件，擬于十五日左右前赴南北工驗收工程，於回

時驗收南四工，總收律均可扎，惟南上汛兩堤尚須加培厚，土埽之

均須加廂如椿，需此大汛時尚賴樑可施工，已飭廳汛并案趕

辦理，現改築夫樵料需款甚鉅，且當此新料登場，價值

收買，六百餘所有大工應用之料，必須預為採購，以免

動用之本年歲搶修銀兩，本係挪用，當須發給工員，

預發來年歲料，均應追不及待之需，現除司庫下欠歲搶修

六十餘兩，已飭委員前往請領，仰求

主回飭司庫為籌借實銀三萬兩，以資酌一供外，撥協款解

此數，如歸司庫，如一時移，則工用不致掣肘，庫款亦歸有

著吳承禧於工竣後當即考覈稟請

史稿叩謝

鴻施合併陳明 專此肅頌年禧

福安伏維

垂鑒

藤石 雲

十月初十日

午翁仁兄方伯大人閣下 昨奉 罪宣 知前函寸箋並蒙詳覆種種均邀

雲覽 已將西函布陳一切 適接覆函回國又承

惠書並塔標印實銀三千六百八十兩 如數兌收 當早抵毘甘之時 得此

楊枝之水 籍解倒懸 乞化昌勝銘感惟□ 至工程將次告竣 而續發之

料價及工費款甚多 且當此時料正當價值較廉 收買之易 兩省大

工應用之料 必須及時採購 庶免料戶居奇 至須在挪用之款 撥

修本儲皆為通融 即須撥情截款 發給各工 勢必來年截料實

有顧此失彼之虞 然特備具文領 仍仿委員來滬籌 受之

永無務祈 俯念工需係屬要需 為截撥之款 借款係奉部以千 百係兩乃

數 賞委員 星夜解回 以應急需爲叩 附肅 垂念 除部撥存七案 南洋 一萬九千兩 適格 兩 儀 借實

歸三案內俾得挹注之宜便於郵撥協欵解到即可分數知照庫欵
亦不至久懸實係待用孔迫不得不預爲籌備以應急切情形備陳
清聽者也　統收開單懇乞詧核其是否有當敬請　台安
宮商東崇　兵單

十月二十日

敬密啟者　日前接奉
鈞函　重念畀肫　感切隱忱　銘之五衷　曷勝感激
寶保大人[illegible]　昇祺福祥著祉　鄉晤以行　[illegible]
八月奉到　督憲札知以永定河南三工汛大工用欵業經請
[illegible]辦理柳崇　天恩允准如請南北撥欵解工應同業因　伏查內有
奉撥天津關洋稅銀貳萬乙千兩本應接續　並由撫示遵則核此次
加工並未領欵全在歲搶修及兵餉項下騰挪應用且所領各欵不敷需
要料各項人夫費雖現在各汛多有兵夫料戶等借墊請領未完
緩急而本任係道正日回任即侭手之件必須理料清楚方能交卸
憲峯徒奮[illegible]因思　恩施前在大名糧台將康崇
撥發餉糈時深頂感　茲以所辦工程即日均須請收不及趕辦
詮核視即　禁詞信切依迎用特款備中文貳[illegible]此函[illegible]
速鑒何也　迎[illegible]俯念雲[illegible]　郵撥洋稅欵貳萬一千兩之數

陽貴防文委員解工程應需各款直切叩請了

十月廿二日

筆翁吏 表弟

敬啟者竊。。十月二十日接奉

惠函知以本任條道現擬籌設各項修回本任以盡貴職。。惟查前收已撥銀兩交館撥款二萬兩陳林二人重庫歸等因業此。。查亦曾後往南充督撥工發若干留署閱委員往返道途已到津自應循例未入金同發收各處工程需款若干同即將經手款項逐條清釐候條道到任撥款二萬兩代此次加工並未撥款全在某項修及兵餉項下挪移閒款須歸補清款且同庫書有未收等項修實數六千八百九十兩零各地員及開支料等因念條道到回任後領款不容緩前已委員赴回領款藏積修應收并劃撥尤宜保解存年的或籌九千兩以清急需已令可來撥給解回現任。。承郵在所言之欵撥款領到方能理料清楚二萬兩代撥收為此已道某的不容已　因聽防同將前項觀如此所擬委承委員解工程應需而清庫款是所叩禱者。。自九月朔日與工以後每逢陰雨得如此　五十餘日工下本班風發露宿

實已心力交瘁。今第 鴻意四欄各上行，肩惟頒早日回省
趨侍 左右，勉竭微誠，以資仰贊 高厚于萬一，不勝忻幸翹
戴之至。專此恭請 福安

藩台

年翁仁兄大人閣下：日前第四十號稟諒達青覽，已早邀
垂照。前月二十九日委員孫丞濬等回閩，解到
鈞開撥費永定兩處積存案款三千六百八十兩，如數兌收。其撥
閩費四恒銘款七千兩，現經飭本年應領之歲積存案應
撥費處銀三千弍百兩零，前任 徐惺齋因本任已去
收文。其收伊迄所有任內款項，即將迄件積欠歸
任內案內代查各項，節由係。○ 任內應領核費各款，自應
分清釐，以免牽混而昭覈實。前特先備文領，仍求
轉補之府孫、劉等費已至
求 妥籌
閩垂念籌撥，即將撥費之萬積存案內三千二百兩零，迅即飭發，並
委員星夜解回，以應急需，不勝感禱之至。

[illegible]吏崇

敬啟者十月初四日接奉　憲札仰荷　恩施給發部撥工需庫

關洋銀貳萬一千兩飭委員李魏迅解工需即以數兌收具

文申報　卑職正值待用孔亟之時蒙撥庫急此時皆出　福庇

憲臺曲成備至　更令歲晚由加體恤屢承　鴻慈之逾格感篆深

銘戴以難名。本應泥首　鈴轅躬申謝悃乃以甫經交部即須馳赴

省垣叩謁　爵相面稟一切致違趨謁謹修寸牘稟謝當即趨侍

台階恭求　鈞安以按察之情再天津道庫寄存　左營部餉貳

萬九千兩亦於初四日解到當不任徐道復任已由徐道兌收儲庫

合併稟明

[illegible]督憲　會銜

宗南四工合龍南七工堵閉工程驗收完竣由

十一月初八日

敬啟者竊於十月二十日接奉　憲札飭赴天津盤庫即至永定河驗收

南四工合龍南七工堵閉工程等因遵即於十月初十前赴天津即于二十九日由

津起程永定河南七工次會同　[illegible]道。自南七工沿河潮查至南四工同履

勘查得兩處堵工均係層土層硪修築堅實埽廂俱係槽索椿

一律督飭迅即自南四工大堤以下至南七工直達尾閭逐段丈量其應展寬丈
尺挑挖寬深並委章京倫誠情英玉南四工二十號坦坡坍修圍出在外十七號
原堤一律修補完整〇〇等復於十月初三日親赴南三汛十五號查看大堤
裹頭工程已前報竣此坍刷間有殘缺之處亦均已補修並經籌撥基兩面逸以堅
裹頭簽釘大樁並鑲埽實丈量只計寬七十餘丈至南五汛以下等
河身段長且時交冬令天寒地凍未能施工合俟陽月所有南四戢道會
同戢道〇〇驗收南四工十七號合龍南五工六號堵閉工程緣由理合附陳

又

宮太保中堂鈞鑒 仁和示祇遵

敬肅者〇〇前將會同委員蔭道驗收南四南七堤工暨南三汛裹頭工程緣由
專鑒在案茲李徐道專赴回任於十一月初三日馳抵固安〇〇道在工次會同
委員收工即於初四日回署當將交代各件初四日接理於初十日交卸
所有前道工程動用款項支銷細數必須逐款細算時日寬緩
具清摺茶江二封照換摺另行造冊隨同至大工撥款〇〇任內
收到天津關洋稅銀二萬五千兩已由天津道撥到除左營留存部餉銀二萬
九千兩已飭徐道先收儲庫實惟是〇運憲前屬之龍未敢消以狀
接裹目疾慢慨實保容候交代清楚即當趨叩 鈞祺伏求 謹誠所有

交卸永定河道篆日期理合等語　憲台察核千乞

又　仁白啓

敬啓者：前因[illegible]將交卸永定河道日期并核算交代等因

憲鑒在案。茲將任內款項支銷數目逐款清釐，所有此次加修南四兩文兩家

填工廂埽蔭樁並兩正汛十五號漫口築填進占船做裹頭共用銀二萬六

千餘兩，又另購來年大工應用之草料樁麻等項，銀五千五百餘兩，計共用

銀三萬乙千六百餘兩，除前次餘存銀八千二百餘兩，又收天津關洋稅銀二

萬乙千兩，尚欠發銀二千四百餘兩，均係實用實銷，現已開列清單，備文

移咨本任徐道核收歸結，詳請細數悉楮呈　憲覽伏乞　訓示

所有此次搶工支用款項數目理合等語　憲台查核　俯賜批飭徐道

將欠發之二千四百餘兩在于撥款項下如數撥歸清款，實為德便至此

稟信稿

宇督憲李 紅白

宇南五工十號漫口估計河填銀數並請

敬宇者竊查永定河南岸五工十七號十號於
接宇稟 前督憲具 奏，在案。詳奉
札飭石景山同知王〇〇北三工汛判鄭
馳赴南五兩汛察看河形將口、
該員等造冊呈稟，共估需銀十一
覆勘查得該員等所估河填工程均
款支估之際業經撙節，不得不爲求撙
引河片段過長，首尾並墊堤埝，卑職意太甚
救再飭委曲遷就，細加刪省，反覆斟酌
審淳以求可還，於是刪減逐細酌核，共減七萬
填土埽各工程銀九萬五千六百餘兩，委係
宮太保中堂覆核查核具 奏請 帑撥修、
天恩飭 部速撥銀兩，務于九月內全數給領，俾
則節交冬令，天寒地凍，無可施工，實有誤於
鑒核施行，實爲公便。爲此 計宇呈 清冊一本
大加單
敬再宇者，業查永定河每屆堵合漫口大工，於勘

部撥款與修理行營亦在案惟永定河夙稱無定挾沙挾泥渾流泛溢亂秘
冰弱時不能興工又為時令所限爲日甚促必須趕緊購辦以免天寒土凍致
有遲誤之虞是以奏請 部撥款與粮糈需時擬令各屬庫趕辦不
及惟有仰求 憲恩量予變通俯賜札飭藩運兩庫先行籌借以敷解工
以應急需俟 部撥款到時即將前項一律歸還如此一轉移間則要工不至貽誤而
庫款亦歸有著矣肅此○○敬陳即叩勛祺 惟冀面晤 訓示合併
伏乞 垂鑒

九月初二日肅

中堂曾 夾單

敬再啓者○○前將南五工十七號十號先行漫口無幾築裹頭情形肅函
憲鑒在案以下五字不存 同上理合造送清冊恭呈 憲鑒伏乞 訓示祇遵

九月十一日肅

爵憲 夾單

敬再啓者○○日前叩謁 鈞顏仰承 築到 周詳指示感戴莫名
叩辭後於次日馳回固安當即札委備糧通判蔣士琦主簿唐成樑馳
赴保定於藩司處領回購備椿料調撥兵夫一面飭令廣佐引河各員前往丈量分
段估工一俟撥款領到即行擇吉動工斷不敢稍有延誤
上煩 憲廑 前奉 面諭永定河圖說已令

又

謖恭堂 建賢五兄 外字二七 河圖一件

九月十二日發

敬啟者。。昨將南五汛興築大工事宜辦理緣由函

達堂在案 茲經開工在即 所有南五工十號十八號兩處土填工程

並挑挖引河數十里 約計兵夫不下萬餘人 同時興作 人夫雲集

必須該管地方官隨時稽查 認真彈壓 以昭慎重 查南路同知

首承因安肅陽令 永清林李令 東安安肅陳令 均有該管地面 向

應札調來工稽查彈壓 並隨辦一切事宜。。除由循例札調外

理合專請

建台 迅飭該員等即速赴工 實力奉行 [illegible]

委 常員 查有新補同知[illegible] 前由永定河 [illegible]

欽賜留河務 應請一併飭調 聽候差委 是所叩禱 肅此

回上

西月東 英筆

敬啟者 竊查永定河南五工於伏汛時漫溢 業經。。核實 督憲具

奏在案 茲屆節令已過秋分 水勢漸弱 是以辦理堵合大工事宜 督憲批准

撥款興築 現擇于九月十九日開工 所有河埧工程及辦理文案文牘等

件 需員甚多 委員乃秉請河工人員 方足以資贊助 查有

查核候補知縣蔡〇〇前由永定河縣丞辦工出力保奏並熟悉河

務相應呈請　憲台俯賜迅飭來工差委實為公便肅此

督憲　紅白字

為南五汛大工興工日期並送委員銜名清摺由　九月十九日發

敬稟者竊〇〇前將興築南五汛十號大工次第舉辦並委員赴省請領

欵兩係由稟明　憲台在案茲准藩司籌措庫平實銀弍萬兩係詢

同咨撥湘平實銀弍萬兩均係委員候補通判蔣〇候補主簿

唐〇〇於九月十六日解運到工〇〇當即如數照收分別發給河堤各

工程擇吉於十九日分堤興工以嚴防務各工員同時舉辦〇〇即於

是日詣工親督文武員弁兩堤道路各工堅料實挑挖引河一律

深通不准稍有疏懈以期迅速蕆工除將兩堤進占及引河分數

隨時具報外所有興工日期並派委河堤各項委員銜名清

摺理合稟呈　憲台察核俯賜　批示祗遵肅上

又加單

敬再稟者此次興辦大工勒限一月為期甚促所有在堤當差各

弁兵必須鼓勵兼施方可剋期告成其中果有實在勤奮當

[illegible]出力者自應量予獎勵以昭激勸仰乞　憲恩發給六品

功牌十張七品功牌二張以備獎賞如有賸存工竣即當呈繳

並將實估功料姓名另呈核 憲鑒 圖此附陳

又夾單

十一月十二日發

敬啟者 竊查永定河歲搶修工程向于本年十月間詳請給咨委員赴
部請領 即由 部庫撥發分別轉發各汛購辦料物堆儲工次以備次
年修防之用 自撥歸藩 司 由司給發 往往至春夏之交方能給發
而本工之春廂歲搶修仍須年內採辦 歷年以來 從於冬季由道庫籌發以成料備
飭令各汛員先行購買 俟工生歲事 改發 嘉慶十二年存款 先行臨鄉通融
前蒙 憲台以永定河工用不敷 奏請加撥歲搶銀二萬三千兩 此次由長蘆
運庫搭發 當即請領到道 藉資周轉 現在大工業經告竣 而年凌汛為期
較早 新料已登場 亟應及時收買堆儲要工 以備明年之用 所有存款
除於俱具詳請咨 部外 惟尚需時日 誠恐緩不濟急 有誤工需 惟有仰求
憲恩 俯念河工修防緊要 飭藩司先行墊撥銀二萬兩一併 發給 俟此款撥
還 仍歸庫款 抑或由運庫籌撥之處 伏乞 鈞裁示遵為荷
俯允所請 並即委員請領 俾得預購新料 儲工以資有備 不勝叩禱之至

十一月廿一日發

又夾單

敬啟者 竊○○遵奉 前督憲曾批飭核議永定河歲搶修動用正雜各款事

程當經飭西廳查照舊章妥為會議，又復詳擬明定收銀數嚴定章程，工歸實用，不准稍有糜費，俟擬呈到日再行呈請查明每年請款，業已據案確據，所有一切用款，請仍照今年定章辦理，俾符前議章程於將此後請轉陳核奪等事。專此奉覆，順候勛祉。

十一月廿四日發

又

敬啟者：查永定河南北兩岸綿亘四百餘里，經宛平、涿州、良鄉、固安、永清、東安、霸州、武清等河八州縣該管地面，所有該河堤岸埽工及搶修防汛搶險民夫，在在均關緊要。乃因地方河工不相統屬，各存畛域之見，日久弊生，以致地租積欠日多，民夫抗違，色非一端，積弊難除等語，業經嚴札飭遵，而該州縣等視為具文，往往置若罔聞，甚至大汛搶險及堵築漫口大工，購料雇夫，正當吃緊之際，近堤居民竟敢勒措需索重價，該地方官因無協防之責，置若罔聞，在工各員呼應不靈，因循時日，以致貽誤者不少，殊屬非是。再四思維，必須量為變通，定以懲勸之條，以昭指陳。查勘擬請將宛平、涿州、良鄉、固安、永清、東安、霸州、武清、滙河八州縣除該管地租及地方一切公事仍歸通永霸昌兩道核辦外，其有交涉河工地租民夫及修防事宜，均責成各該州縣認真協同廳汛各員經理，統由永定河道考核，果能實心辦事，著有成效，由道擇尤請獎。倘有玩忽延誤，即行據實詳請參撤。如各該員有意故違，干預地方，藉端刁難等弊，亦即嚴查揭參。如此則定章程，庶易為力。不致再有推諉，除將所有章程另文錄具清摺恭呈

崇鑒，相應奉求。

中丞霖果係全河工圖係緊要據情入奏實為公便專此 附呈清摺一扣

謹將擬議永定河變通章程四條開列清摺恭呈 鈞覽 伏乞 鈞裁

一沿河各州縣經征河淤地租及民欠葦蕩等租原為永定河辦公之資近年以來各州縣積欠累累任催罔應以致辦公掣肘應請定限嚴飭以解至八分為率如解不及數由永定河道查核揭參並提承辦書役究追

一每年派撥民夫上堤積土防守險工沿堤各村莊例有額設名數不准短少及以老弱充數乃日久弊生衙地書役往往有包折等弊以致無知鄉民藉端抗違應請責成沿河各州縣循照舊章如數派撥倘有包折等弊從嚴懲辦如查有該管汛員賣放由永定河道揭參

一沿河各州縣本有地方之責應於伏秋大汛時各縣該管選派幹役地面協同防守其有相離較遠及南北兩岸不及毗連於大汛時選派幹役在附近村莊常川駐守督催鄉地傳集民夫遇有搶險等工即速上堤搶護該縣如有違誤隨時稟查嚴辦至如宛平縣距省城相離窵遠不能親到應責令蘆溝廳各兩汛巡檢就近經理仍歸永定河道考核

一伏秋大汛遇有搶辦險工及堵築漫口大工購買料物雇覓人夫最為緊要乃附近民往往於此緊要時居奇勒措不特多索價甚至觀望遲誤應由永定河道行知該地方官出示曉諭河干商民不准任意抬價亦不得抑勒苛派以示公允

四條已據實入奏

以上九年稿

同治十年另擬

督憲[illegible]

敬肖者竊○○前將駐工防守凌汛日期呈報 憲鑒在案茲于二月初三日馳赴下游
查看工程查得南七工程因咸八年新築大堤五年因原挑引河逼近堤埝形勢
重另於堤之迤東挑挖新河築有土格堵截舊河本年凌汛面臨險工係嚴飭該汛
員小心防護毋稍疏懈乃復不經心致真[illegible]冰凌衝刷缺口河流仍入舊河
實屬防守不力未便姑容應請將南七工專汛委員○○○指名撤任遴員接
署以昭慎重而儆 官常除另文呈詳外[illegible]

二月七日書

又

敬肖者竊○○曾將防守凌汛並永津日期先後呈報 憲鑒在案茲查凌汛水勢[illegible]落各
汛險工疊出所有搶險要工新料一經廂埽擁由動用甚多所存料垛[illegible]不敷大汛修
守之用必須酌量添購以備防護之需前次由司撥到之二萬兩業經採買料草稭蔴除
將支費並加撥之款應留為疏濬河道加培堤埝之用業經伊[illegible]即當相機估辦未敢擅動
歲修一項經費 [illegible]費當[illegible] 部復未便懇司請領而工需孔亟又不得不仰乞
具施鈞恩先將本年歲款如數賞撥一俟 部復遵撥扣歸還庫款[illegible]
[illegible]所請[illegible]委員赴司請領俾得籌[illegible]以期有備無患[illegible]

二月廿四日書

藩台[illegible]

敬啟者前因凌汛水勢[illegible]各工仍搶險動用新料甚多所存備工料物計不敷防守大汛之用必須添購稭
料以期有備無患[illegible]先將[illegible]領歲款[illegible]

李春和述日欽、藉資周悉，昨蒙　批諭飭領、並特備具文咨派委候補通判蔣壽、
貴王　弼桑職衔　垂念工需緊要、待用孔殷，迅[illegible]數萬、[illegible]、
員畢雅鄉工以後、要需[illegible]，至[illegible]書[illegible]，[illegible]依　隆[illegible]宣

督憲　紅白

宗禧留辦閔[illegible]委員代辦[illegible]　二月廿六日[illegible]

蘇省[illegible]前署南[illegible]國[illegible]補用[illegible]○○[illegible]九月起程
抵揚回籍，旋[illegible]在案。茲因辦閔蒙本籍江蘇撫院[illegible]來直理[illegible]
語[illegible]員在工督[illegible]工程，[illegible]
[illegible]中[illegible]加[illegible]委叩求[illegible]員留工需[illegible]
江蘇撫院[illegible]文代[illegible]究[illegible]禱　鈴棣[illegible]
鈞諭再讀[illegible]何[illegible]委[illegible]工[illegible]　給札飭令
仍回原省[illegible]公便[illegible]　[illegible]　飭司註冊[illegible]

又　[illegible]

敬肅者：竊○○[illegible]　鈞批[illegible]　二月廿七日[illegible]
王慶坨一帶漫水甚廣，是[illegible]即[illegible]國[illegible]因[illegible]
委三角淀通判朱[illegible]詳細[illegible]
查[illegible]王慶坨地址本在大清河身之中[illegible]任[illegible]
[illegible]偏[illegible]注[illegible]各村[illegible]漫淹，自同治三年[illegible]下[illegible]水

势南趋，数年相机疏浚，而一经大汛，仍复沙停，又复淤塞。今
年凌汛水涨时，串灌北面李家故坑、窦庄窑直至堤根，[illegible]浸水
甚广等情，并绘图贴说，呈送前来。[illegible]遂细復查勘，係实在情形，谨将
所有下游浸水图说一并恭呈 御览，伏乞 训示祗遵。谨奏。

三月十六日发

又夹单

窃查北岸〇〇前临下游於埝河串涨漫延，甚广情形，并係历年相机堵塞，係由[illegible]
主簿在案。昔於三月初八日带同石景山同知王〇〇、三角淀通判朱律、署下北通判
李〇〇、南〇五园委员〇〇、巡检李〇〇、[illegible]巡检王〇〇诣赴下游查看河形，因窦
庄窑下北上年疏浚之河於埝一千八百余丈地段甚长，且无旧作挑经费，
甚难，因即督同该员等相度情形，细加履勘，现议由孟家坟迤东起至马家坟东北
止，计共一千二百余丈，另开新河，分段挑挖，归入先此年旧河。又将旧河挑
浚加宽，约丈五六尺，道石村以北，俾有畅收之势。至今年凌汛涨水由窦庄窑
李家故漫滩南岸，即应及时堵塞，但段挖河道，引水由东北行，北张
店窑李家坟甚远，现议亦须再堵，以节糜费。惟是下口河流自张
家坟以下，土高埝口，因为估费所限，河身挑浚，仍不甚宽深，恐夏秋涨时
仍不免漫延之虞，第河由东北行南岸或不至贻害耳。谨将勘估改挖河
道绘图贴说，疏浚下口情形，[illegible]保定县[illegible]恭呈
[illegible]

札示祇令已派委员分段定于三月二十日兴工勒限竣工[illegible]文呈报[illegible]

谨将呈请摺一扣图说一帙

又禀草

敬禀者窃 前奉 宪台面谕以永定河南岸二工金门闸[illegible]洩[illegible]工保障[illegible]

殊少石坝破败饬即勘估[illegible]兴办等因当即派委北六工霸州州判[illegible]

○○前往勘估工料银数，旋据该员等[illegible]摺绘图呈送查核。○○复委石景

山同知王○○、南岸同知尚[illegible]霸州州同王○○会同覆勘核实估计

去后，兹据该员等开具清摺，前赴该处周历履勘，逐细覆覈

所估[illegible]高耗骨修理海墁，并挑挖减河各工均属核实，尚有应行

增添之处，亦未[illegible]量为加减，又近年来粮工料各物昂贵，倘复实属

不敷[illegible]为酌核，计共估需银十万七千八百两[illegible]绘图贴说呈

送前来。○○复加详察，尚系应办之要工[illegible]实用[illegible]减省

将图说并照缮清单恭呈 宪鉴，伏求 察核批示遵办，俯允兴办

据情具 奏[illegible]清册[illegible]送部核[illegible]等情 宪署[illegible]

肃此，附禀[illegible]

四月十二日 计呈清摺一扣图说一帙

又禀草

敬禀者窃[illegible]下口[illegible]挑[illegible]绘图贴说并派员分段兴工挑挖日期

宗成。查案在案。兹于四月初四日据怀来桃花口先后报工竣[illegible]。
即于初五日起程赴下游查验，并勘视尾闾情形。初七日由白麦口、析口、葛
渔坝楼等处。窃北运河性就下，当因利疏导，以实启宽深之口，不必
堵塞。防即亲往履勘，迅速兴办等因。窃此等处所宜以旗兵之
十三四年以前，水偏北注，北岸日渐淤高，南岸自南七工以下地势现甚低
洼，而近年河形南趋，堤头吃重，今春凌汛漫水串溢，逼近南堤，
南八工迤下界内大范口一带水溜直抵堤根，而形势甚危险。三月初间○○往勘
下口时，实属宽平等处一片汪洋，茫无涯涘，间有消涸之处，泥淖甚
深。本年马厂骤同经履视，若筹至水闸再往勘办，深恐疏浚之工
或不及，而以南堤数十年未经走水，亦未加培，不敢恃水之性任
其偏向南趋，致令溃而莫可收。相度形势，避重就轻，改就中洪，挑文
光年旧河，非但散漫归则，补偏救弊之计，兼筹万全之策也。只
宜而仍费示照也。估惟估费亦是由目前水流应下之所顺性而
导，将下口数十里河道间挖宽深，或可保数年平稳，能筹款实亦
易易，不然付之空谈而已。至分流以杀水势，本系良法，惟永定以水挟
沙，挑泥水，实则泥沙流走，水缓则泥沙停淤，一经分溜，缓则立致淤易
积淤，前院堵闭旧口，河流归一，原冀藉河之高势，收刷之灵效

接奉 上諭停止堵塞。。我往看視所挑之員已將上口堵築一半
尚留有二丈係寬未把塞斷現已恪遵 諭旨毋庸全堵使水分流以定
塵墳之處下游自上游石以下至魚壩口淤墊之處間斷雖有水溝
可以通流惟魚壩口下至鳳河處尚二里餘河係不過二三尺現宜挑
挖俾之暢收上之鳳河上游所有及永定河尾閭相平如有將河
身加深必須將鳳河上下挖深三四里許方可一律通暢俾永定河
經費祗有此數本河居內工程甚多均因經費不敷議從節省
並有餘力疏濬鳳河若祗將永定河尾閭深濬而在下之鳳河
高仰壅阻沙水尾閭淤墊更速而且長 帑項亦屬虛費可否俯許僅
擇其最要者切坎裁灣共十四段派委妥員趕日挑辦勒限報完
至此次挑挖四段。。通加丈量目每家故這来趨至上游石村西
止均無損且原估寬係長丈外式挑挖寬錢尚無草率偷減情
弊又據佐南岸工八號裁灣十號柏溝下七號切坎各工均經一律告
竣理合專行奏請 聖駕親臨驗收 指授機宜俾得遵循有
目不勝翹盼叩禱之至 再節近芒種麥黃水漲目即至如
皇上政務殷繁不克親臨抑或委員查驗請飭迅即來工仰候
鈞裁再上游所添南堤委員已於初十日自下口打回查看中洪亦有

启办之工分别酌估，挑挖深的实深长丈并需估两岸各号及

两估六道口以下工段，缮具清摺，恭呈御览。再此

计咨呈：续估南岸工裁湾切坎及中洪下口各工程一扣

同发

又夹单

敬再，窃查永定河未筑堤埝之先，水行至丛淀，即四散漫淹下游永清、东安、武清、天津等处，从未有浑流之患，是以民居稠密，村聚星罗，均享安居之乐。自康熙年间始建堤埝，筑长下游始受其害。嗣因下口随淤随徙，水无去路，始于两岸遥堤以资保卫，中间数十里任其散水匀沙，村居饬令移徙，不准增建房屋。

列圣之筹策，能置民生休戚于不问，实以国家之经费有常，难供无厌之用，而永定河下口之疏浚殊鲜良策也。无如安土重迁小民，积年连荡析不惜，不肯徙居，而且聚处愈众，永定河挟沙而行，趋向靡常，时有偏注之势，利于南者必不利于北，利于东者必不利于西，司其事者但能筹全河形势，不能一视同仁，被淹者祇知为保护身家，不知浑河大局，往往于疏浚下口之时互相控告，甚或藉口于田庐舍有碍，假词于坟墓有碍，阻挠挖浚，种种之情形不一而足，此历来疏浚下口者被控之实情也。○○圆

又札內有天津武清民人曹大治等具呈一詞是以不揣冒昧附陳

又陳。。。謹又稟

宮督憲夾單

四月廿五日發

敬稟者竊查永定河歷屆大汛河水暴漲之時往往南北阻隔不能過渡。。駐防南岸之工程務須兼顧必須派委勤慎之員專駐北岸上下巡查並幫同廳汛防護險工以昭慎重查有候補知縣。。。上年大汛時札調來工派令協防北岸各汛辦事認真能耐勞苦頗為得力現節適當伏汛期瞬屆應仍札調該員來工以資幫助理合稟求

憲台俯如所請飭司知照實為公便除稟藩司並候批示外肅此

又加單

敬再稟者候補道李諭來工驗收永定河疏濬中洪下口工程於四月十九日馳抵工次會同。。即於二十一日查驗南岸郭家務切坎等工二十二日沿堤而下自王家墳迤東起至六道口村西止查看挑挖下口河段並六道口以下添辦各工均按原估寬深長丈一律丈量驗收完竣惟續估南六工九號至九號北六工八號挑挖中洪工段因興工稍遲尚未報竣擬俟該段一律丈量並無偷減挖道完未及驗收。。於二十四日由下口折回時均已挑完隨即查驗收[illegible]所有驗收永定河疏濬中洪下口完竣緣由應由該道徑

呈台查核外，再此附字伏祈 鑒察。。。 詳文字

四月廿六日發

藩台鈞

敬啓者，案查永定河歷屆伏秋大汛，險工林立，必須遴派勤幹之員協同廳汛隨時防護，以昭慎重。茲查有在省候補知張○○，上年大汛時札調來工，派令協防北岸各汛，誠屬耐勞，頗爲得力。刻下節逾芒種，汛期瞬屆，差委需員，仍擬札調該員來工，以資臂助，業已作字函 爵相 書祈照賜撤飭來工差委，是所至禱。專此布懇，敬請 台安

宮督憲 公白

管呈增築各處大工動用料物銀數簡明清單　四月廿九日發

敬啓者，案查永定河歷年增築隄埝漫口大工購辦料物，廂做埽段，並挑挖引河，填墊坑塘，土方以及搶險各汛善後工動用銀數，例應備具簡明清單，先行呈請

呈台查核具 奏，俟奉 部覆後再行造冊送請 題銷，歷經照辦在案。茲○○於同治九年增築隄埝兩岸工十號漫口，築廂大隄，還埽加添秫稭運腳，幫築外戧，加高填頂，填墊坑塘，並挑挖引河，補還千丈號旱口，以及各汛搶護土埽各工，共用銀十萬○○四百六十八兩二錢一分○七毛八絲，內除領過藩庫撥解銀九萬兩，其餘有水旱各堤共用銀二萬五千

五百六十八两〇〇分二厘五毛八丝，计销六部，一共五千三百〇十两〇八钱六分
五厘五毛〇丝八忽，赔四银一万〇二百二十七两二钱一分七厘〇三丝二忽，均
经应赔各员陆续如数缴清，添办要工，皆经卑职在案，外有不敷
银二百四十〇两〇〇三厘七毛〇丝八忽〇〇，自行捐办，所有修造工程，因
遇银两均系宪(因)动工，并无浮冒，理合一并出具保结，具禀
宪台察核，俯赐具
奏，实为公便，须至此

计呈卞结清单一扣

宁武县知县丁安殿琦民人曹大培聚众挖河请饬查究禀由

五月初五日　督
初六日　尹

督宪尹宪　红白

敬禀者，窃。。于本月初一日接据西三角淀通判禀。。据称界内八里风戏庄
和主席保安闸宁据四月三十日忽有村民聚集千余人，随带抬铁火炮在
葛渔城将挖开河之头，不许堵截，河形之土格全行拆毁，并在土格以上开
挖小港一道，约长二十余丈，宽六七尺至一丈，深二三尺不等，风闻系武
清知县文生安殿琦民人曹大培为首纠集，分道又光二支，渔堤口一带
村民聚众横行挖掘，阻宁请查验，将卑等因。。当经该员
前往该处查看情形，确实宁复古城挖开，请饬宁稽查与该讯员所
宁情形相符，该文生等胆敢不畏法纪，聚众持械，故挖河防，只请严究。

奏批

查永定河水挾沙而行，趨向靡定，本年挑挖新河，疏濬下口，原冀使水暢順，得免衝決漫溢之患。前據該民人曹大治等來轅，以現挑河道有礙民田具訴，當經明晰批示，並委員確勘在案。該文生安鍾琦身列膠庠，更宜知御曲直，且民乃此乃不顧全河大局，膽敢聚眾千餘人，隨帶鐵鍁，將新河之頭以下堤根河形之土埝全行拆毀，並在土埝以下開挖小溝，實屬故壞河防，目無法紀，亟應嚴拿懲辦，以儆刁風而重河務。仰飭札飭武清縣迅將為首聚眾決防之文生安鍾琦、民人曹大治拘拿到案，究出隨從人等，嚴拿務獲，分別首從，按例懲辦。一面由道將拆毀土埝，乘此冰凍尚小，設法修築，免致臨汛漫溢為要。

檄

亦前來。。查土格為堵截河形而設，原以防水之衝注，引溜歸入本年新挑之河，以收暢順之效。一俟拆去此水，則舊路新河勢必淤墊。現在麥黃水至，時查已漲入新河，第水勢尚小，無虞溢決，將來由故道歸新河，不特虛靡經費，實與全河大局攸關。其下口河灘寬廣，南北相距四五十里，本為瀦水聽任其蕩漾之地。乾隆年間曾因村居有礙河流，屢經飭令遷徙，毋許與水爭地。無如村民總居日久，安土重遷，聚處愈眾，而永定河積沙而日忽南忽北，水性趨向靡定。下口距瀉之地，又因限于經費，不能加挖，寬浴容納無多，大汛盛漲，必至出槽漫溢，利于此村，必不利于彼村，是以無遂距瀉下口，與河相近之村莊，每相率阻撓，幾至積習成風。若不按例懲辦，則距瀉下口之工既多掣肘，而水勢直趨上游，貽害尤甚，日甚。御史南士元但云有傷于民，殊不知放決河防律有明條，必須嚴懲，示儆俾知畏懼，不敢肆行無忌，庶可於全局機宜無誤。所拆格堤，若武清縣文生吳鍾琦、民人曹大治並未赴。。衙門定讞，擅敢聚眾將械拆毀防河土格，情同放決河防，實屬目無法紀，相應參辦。查嚴飭武清縣將為首聚眾決防之文生吳。。民人曹。。拘拿到案，究追隨伴之人，分別首從按例詳辦，以儆刁風，而重河務，實為公便。

五月廿四日發

又奏單

敬宗著錫。。於本月十五日接奉 鈞批：仰崇 札飭武清縣將聚眾決堤之文生吳鍾琦、民人曹大治嚴拿究辦，一面由道將折毀土格乘此水勢尚小設法修築，免致盛漲

潰溢等因，當即派委署三角淀通判范〇〇前往補修〇〇，督同署南八上汛武清縣丞

王德深〇〇將拆毀之土格趕緊築夯修築，並諭武清縣〇〇〇〇督工彈壓，已據報

二十日興工，茲於二十三日據該員等稟稱，興工段內值河水陡長，大溜南趨直注

拆毀土格處所，流走水深均七八尺，新河分溜僅止三分，勢難堵閉等情。〇〇查

自十九日以後河水連次漲發，該員等所稟委係實在情形。〇〇〇〇〇

不協，即停工，恐大溜既趨故道，新河〇〇即淤閉，前功盡棄，徒費

需糜，而拆毀之土格缺口，更恐居民無知，或至盜決，迅即嚴

拿，嚴行究辦外，詳將停止修築、拆毀土格緣由肅報

憲台查核，訓示祗遵。為此

五

紅白稟

南北兩岸二工堤二十三號漫溢成口由

六月初七日具

敬稟者〇〇〇等將河水連日報長各汛情形，據險不能趕辦搶護情形

前已稟呈 憲台聽在案。查自五月二十八日至六月初二日止，石景山叠報

長水連底水積至二丈三尺五寸，較上年盛漲之水高多二尺九

寸，浩瀚奔騰，洶湧異常，以致兩岸各工節節生險。南三工二號

十號、十一號，南四工四號、九號、十二號，南六工十三號，北三工

五號並因水勢叠長，各埽墊陷均係分流歷險，即另行搶護並平

積惟北二工汛五號北四工汛二號南二工十六號情形極為危險，而石
景山同知王庭芳桂北北五汛五號南岸同知朱應芳桂南二工十六號
分投搶辦設法救護。。即飭委北上四二號查白堤潰堤間有漫
水，水勢甚危急，當飭察挂大柳枝買土料，調集渡船多方
抵禦。臣在都署間，接據石景山南岸同知朱。守稟稱：北二工汛五號水長
涌至，對面埧埝間斷漫水，雖竭力搶護，堤身因勢已不支，實潰
自勢直過，因河水陡發，滔即斷流等情。同時接據南岸
同知朱。。守稟稱：南二工十六號水勢盛漲，山水刷堤，埽
臣大涌直注堤根，十六號水已漫出，尚在撤守搶護，以六號又亂根堤
清水尚堤搶護。。其即地往該號還往搶救
擁護，兩岸風雨大至，水又續長，驟浪打湧，一七尺，守宿實屬
人力難施。至初六日寅刻漫越堤頂，大溜一瀉而過，堤頂情。。
接閱之下，不勝焦急，即馳至北二工十六號查看，就近以人回
天無術，漫口業已奪溜，口門約四五十丈，已不可挽救。。仰蒙
委任，諒惟時際秋伏汛，嚴飭各工員加意防守，多備料物以昭保
安瀾。工停，本歷乃因霖雨連旬，汛水盛漲，漫溢成口，雖由雨久

然皆有疏漏下自加且莅任以来平日虽勉力讲求自愧修防之术实不胜河道之任

惟有仰恳 恩准将实严参即与革职并请遴选妥员接署实为 恩便 职锡谨禀

水大下游陡不能暢達，各閘壩又令堵閉，水無分消之處，河中不能

容納所致也。○○伏稽全河蹤手防範，各有應作何疏，擬奏參

寄石景山同知○○○暨北二工汛千總御秋、平漲補、王修○○○奏

河防，孫之乞無辭，相應據情一併參奏，除趕緊購備料物，飭

調熟習工程廳汛員弁，俟水勢少退，作速督率集鑲，以防俟

塌；並飭上游各汛加意防護，毋稍疎懈外，合將北二工汛南岸漫

口緣由先由六百里馳奏　皇上睿鑒，訓示，祇遵。謹奏。

同日

又加單

敬再奏者，查自本月二十日晨，霪雨傾盆，河水暴漲，各汛搶險均極○○督飭

搶護平穩。惟南七工新大堤二十八日因水勢汕長，汕刷南岸堤十余丈，嗟重

○○即於是日馳往查看，正河幸未奪溜，然南岸堤已有漫水之處，所

達於積堵西來護工，水已消落。西岸堤及大堤均刷有缺口。又北四上汛廟

前於月日堤身潰堤，尤為危險，飛飭廳汛員弁多集兵夫，挂柳搽由竭

力搶護。竊三晝夜，至初一日新埽將加廂出水，乃和高水丈

餘長，迎溜頂衝，埽甚汕湧，新廂新埽今日走失，堤亦隨沙，又經

久雨大溜衝刷，堤身坐潰，間斷漫水之處，刷有缺口。又北二上汛舊鋪

因咸淤淄直光炎埽段雜損被[illegible]抢救，而堤埝單薄，以已漫出直過南二三
鄉漫溢，康淄北四上汛二鄉、北二上汛五鄉水均斷流○○，榆杏庄南落
卷閉，目下惟漫溢僅俟水[illegible]閉除。秦千訣淄三所缺堤埝，飭
各廳汛補築還原堤，並不入。告廳汛亦不秦，今此次南七、北四
上、北二上早口已飭各該管廳汛趕即補築還原，俾年庸敘及
千廳汛各汛可望免於秦要出自 憲恩。再南二十六鄉早口，將
來俟入伏再行辦理。合並陳明，再無異常狀況。　鈞鑒○○謹稟

復永清縣函

敬復者，昨奉 來函，以南七工月堤因雨久水漲，冲刷漫水，水害[illegible]　六月初十日
捏報險等因。查南七西小堤漫水，大堤亦有缺口，尚未挈淄水
即消退堵築，未及竣工，現在北岸漫溢該處，已飭早口隨後再
補築還原堤。前日飭撥南二、六鄉漫口已同北五四工二南二十六鄉
各早口搶築完竣，再南二、六鄉漫口已堵，保庸
卻知累由金門閘減河使白溝河歸大清河入海，相距永清
縣遠，似不至于波及。今年霪雨連旬，田禾大都為積潦所淹，
不关由于河水也。專此　勛祺，務為要，至此專復，順頌 升安

六月初三日發 補錄

[illegible]

[illegible]無窮。。謹將●●河水長落及各汛廠水尺寸單摺 恭呈
在案茲自五月二十日後大雨時行傾盆匝旬河流暴漲上
游發水長水二十六日在黑山戴村已至二丈。即於二十九日稍
落初一二日又陸續概長積至水深二丈三尺 嗣因水勢洪
湧全河大溜奔騰汹湧異常各汛緊之搶險南二之六七號十六等
南三之六號十號十四五號南四之四號九號十二號南六之十三號
南七之新大堤北上三之五號北三之五號北上四之二號以上
埽面各埽蟄陷均形岌岌。。督飭廳汛員弁加椿搶護甫定
中南二之六號十六號南三之六號十四五號北上之二號迎溜
頂沖二十六日盛漲時各埽已走失多段當經外委兵目等趕
緊挂柳搪面擁廂新埽以資捍衛此次長水又漫溢堤埽漬堤
情形尤為危險現和飭廳汛等趕緊設法竭力搶護。。
一面親往督飭務使力挽狂瀾惟水勢漲猶未識各汛
堤埝出險地沙無水力不能戧有漫溢之虞儘能上游

福庇。代陈安襄郧即飞速饬宁夫的大汛长水擢除情形筹议

宪台查核饬行。知府祇遵。函呈

又启：宁夫郏案内二工六号漫口缘由，六月十八日业

敬肃禀呈，承示因雨久水涨，内二工六号漫溢成口，业经饬宁

速堵在案。嗣因水势湍急，当即札委石景山同知王□□暑协备

筹，□於钟祥内二工漫口处所详细勘估，据安襄郧道禀等

估报内二工漫口处塌堤段核实估需银一千四百五十两零，查核

所需者银两，本月初十日兴工等情。□□详加复核，所称核实

估计并无浮冒。但当此库款支绌之时，亦不得不力求撙节，即

量为核减，饬与该员等妥议减去银一百五十余两，

计实需银一千二百八十余两。至有无减存节省，有余银两

购买料物椿麻，调委集夫，於本月十九日兴工，并饬赶紧兴筑，

务须妥速坚实。仍随时亲往督饬，惟所用银两若干，

先行呈报现查道库所存均有指款，未便挪用，不得已将现存

之部饭佛费暂借支用，将来归入大工销算核实归补，尚祈

察核。兹将宁夫二工六号委员兴筑襄郧兴工日期理合禀请

肃此。   某又启　禀由

又仁白

營盧溝橋下南岸石堤五號尾漫溢成口　　心曾甚貴

竊營稟窮○○營卯南二工六號委員鄭景襄覲興工日期業經稟覆在案連日積

飭該員集夫購料分派弁兵趕紮柴壩等正在布置間乃於十九日陰雨大發

日夜淋漓河水暴漲石景山外委報稱水係二丈三尺七寸較上次之水尤為洪

湧又據盧溝橋汛稟○○營報南岸石堤五號尾漫水之高堤面一尺係

沙刷嘴段土埝漸有分溜之勢下游各汛水均出槽柏岸盈堤異常洶湧沿

疫寒之至險當飭各廳汛弁兵分投搶護一面派委經補知縣王○○隨

同南岸同知朱○星親前往石堤五號趕將過水之處設法堵築○○因

北下汛十三十四號卸等南二工六號正門抽掣過甚溜逼堤根情形十分吃重

親往查看該汛十三號跪埽壓堤間有漫水之處情甚危險即飭廳汛

員弁挂柳搶由該僱民夫數百人趕做盡力為保護之至風雨交作水

又復長已與堤平大溜沖激堤土純沙又經久雨漫透堤身坐潰製出大

溜三分扰流搶搶辦水勢陡落溜即斷綫卑舟飛往工所查看旋

即接據南岸同知朱○星報稱南岸盧溝橋以下石堤五號尾漫

水甚大沖刷土埝掣動大溜該處向無埽工又無積土備料僅仗集

夫挑土築埝搶堵水大溜急一時實搶辦不及於宵三更刷通

將石子埝沖缺奪溜成口等情○○卑往查看委因水勢高過堤

面漫刷石子堤土埝沖塌缺口大溜已掣出九分其餘仍入大河水勢

稍落勢必全歸口門現在口門約寬四五十丈無從稽詢該

處老民僉云嘉慶二年水高於堤面亦係自嘉慶六年以後

年漸淤有實據今乃不能勝天查董溥橋以下兩岸石土堤埝竟

歸石景山同知經理嘉慶七年（向未設汛）分撥董溥橋巡檢管轄二十一年將

南岸石土堤十四里改歸南岸同知經理並無埽工此次失事雖

由水勢過大漫越石土堤埝沖刷成口但○○總轄全河搶護往來風雨泥濘中

督飭搶救實未能力挽狂瀾一誤再誤實屬溺職惶悚無地實難辭

聖旨從嚴議奏 再南岸同知米○○職司修守疏懈 奏參董溥橋巡檢

平鄉巡檢鄭○○係分隸專管之員雖有防守之責向不駐紮該

修應免其參處令其量賠未職者再款至南二工以歸裹

頭南任興工尚未堅築現成單口無庸盤裹兩頭北下汛之刷缺堤埝

隨時補還原堤一俟水勢稍落即飭原委各員并飭南岸石堤十

號尾相接設法盤裹以防續塌所有董溥橋以下南岸石堤五號

尾漫溢成口緣由理合會陳

中堂查核施行

又紅白會單

會單查勘永定河南岸石堤四號尾漫口情形並請補築兩岸刷缺堤埝由 六月十八日發

敬密陳者○○○○於六月二十九日業將馳抵工次日期並永定河大概情形奏明
在案，隨即會同○○○○赴北四上汛查看旱口，復由南岸沿堤而上，查看
南二工永安旱口○○○途次接奉　寄札飭將蘆溝橋以下石堤安号
尾漫口情形一併會勘等因○○，○○等當即馳往該處查得石堤北頭
上游因漫水沖刷，擊動大溜，水勢湍急，揭去堤面片石，刷塌碎石子埝，
致成漫口，口門寬八十六丈，現擬南二工堤裏圈築土堤，並添購椿料，飭
令永定河所汛營委各員，趕築填基，進占下埽，擬做裏頭，業於七月初
四日興工○○等復由北岸折回查勘北下北上二汛旱口，並飭各廳汛員
弁，趕即補築，堤上已先後動工興築。至永定河堤各工需用經
費，却當大雨之後，河身積潦甚多，河灘居民稼叢雜，未能履勘，無從
估計，須俟水涸方能勘估。惟查永定河自蘆溝橋以下，河流綿亘
二百餘里，挾沙帶泥，積漸淤墊○○等沿堤相度，河底高於堤外平
田已有丈餘，近年來限于經費，堤工不能普律加培，僅將河身間
段疏濬，一遇暴漲，隨即淤平，是以漫溢為患。兩岸閘壩又久經堵閉，
下游不能暢通，全河受病太深，如欲籌萬全之策，大興工作，所需
款項難集，未敢擬議。即如歷屆大工依限辦竣，此項工程既多，引河既長，而下
游南七工一汛，計長二十里，處處地勢低下，河身逼近南堤，一遇漲水，滿灘漫
溢。前年新築大堤東西小堤長一千餘丈，土性沙鬆，堤身過長，勢不能全

围埽厢搪護甚為可虞必須相度形勢向北段挖河道又自葛渔嘴至婁江口約四
五十里河本淤積且有由村中小走之處亦須早為疏浚展寬挑深鳳凰嘴於
高家莊淤沙填塞永定河內七八里亦須疏濬數里方得暢順水勢又不境
自嘉慶六年以七十餘年未經大修近歲經費不足僅加築土埝擡護
兩岸石工殘缺多處并須修補完整以資捍禦所有各汛堤埽本年
新淤遠出衛外求善後工程無汛不若依办惟用土料極多統計各
項需款甚鉅當此庫藏支絀之時只等係知積款無多而應辦之
工有不容稍緩者實俟秋汛水涸核實勘估呈請　而永定河下游
各堤漫口之水經行寬平地廣之趙家莊等村由啞吧河入琉璃河俾得其
清河入海被淹村莊無多合併陳明○○○○俟水落即可因勢趨下
察擇西堤一切作法　均俟理合將查勘永定河兩岸石堤並鄰近漫口情形
並疏濬籌議各段堤埝緣由會稟　憲台察核　再七

八月初七日發

又夾單

敬再者竊查節逾白露積涸漸退亟須勘估堵合大工所有文月二
十三日帶同石景山同知○○○南四工固安縣丞○○○署霸州州判○○○馳赴蘆
溝橋自上而下周歷履勘詳察全河形勢督飭員弁等逐細丈量將永定河
堪各工詳慎核實估計二十五日行抵南七工一帶勘致張河並五號適值秋雨連
綿淋漓以上盡和河中堤積水甚多一時未能親勘當回南八上下汛

員弁前赴南北工查詢下口淤墊情形，約略核估，俟天晴水涸再行親
履復勘，一併造具清冊並繪圖貼說呈請 憲鑒。至於細詢閘接據石
景山外委藏扶蘆溝橋因山水陡發，長水至二丈三尺八寸，水勢洪溜，較大汛
為尤甚，經該南岸同知朱煐稟稱蘆溝橋石堤五號尾水口門盤築裹頭
而未設工，水無關攔，口門以下係經沖刷，須俟水退後另估盤築等因。○○卑職親
往查看，實因此次漲水較大汛時更為洶湧，以致石堤口門以下將土堤沖刷
寬約一百餘丈，現擬另立堤基，飭令經妥各員等趕緊盤築，理合等情
憲台察核 訓示祗遵，並此奉此
又稟白
卑職會同南岸石堤五號尾閘口河堤各工並改濬下口河道各銀數清 卑職興修由八月十四日啟
數等語。○○卑職永定河南岸石堤五號尾口門以下堤堰刷寬，擬另立堤基，盤築裹頭緣由
並勘估堵合大工情形等由 憲臺在案。連日天氣放晴，該督同廳汛各員將
應行河填各工親加細勘，查照實在各物料價值，劃全局分別緩急酌量情形核
實約估，惟南七工改挖河道，估由該汛二號北柳坨村南起至蘆家鋪止，計長三十里零
將自于家坟起至鳳河止，計長四十里，因積水未消，不能履勘，約略估計，均飭覈實，另
求是不敢稍涉虛浮。當此庫藏支絀之時，籌款既屬匪易，自應格外撙節，以節糜費。
係引河既長，上游須修補石工，下游又須改濬河道，加以各汛禦水善後等工，已復殷繁，
且值年歲歉收，米糧騰貴，工料物無不倍昂，是以價貴難堪，核將各處
不可不格外詳慎核估，共估需銀三十七萬兩零。○○再四核核，省無可省，實已無可再減，
理合繕具清摺並繪圖貼說，恭呈 憲鑒，仰祈 察核具 奏。據
卑職興修實為公便。再○○費宗侯即日赴津謁 憲，當面一切均求 鈞誨，合併陳明，肅此。

又会字　會同興工日期並分辦大概情形由　　重九日發

敬字者竊職道於○甲府同○徐○○接奉　來札以永定河蘆溝橋南岸石堤七
號尾等處漫口應即及時堵築，今該縣從前請趁工，今用李道並委員
迅速分投修築，務須工堅料實，等因蒙此，當即束裝就道，先後
到抵工次，竭加妥議，除不時互相稽查外，分段監辦（職道於）。經理南七
堤各工（甲府同）○。經理南岸石工六號七號十四號工程（甲府徐○○）。經理北下
北二三四汛工程（職府○○）。經理南岸石堤各號水口門大堤並北四上汛工程
當即分派在工各員購備料物，調集夫役，擇吉于九月初六日祭堤
興工，同時舉辦，並會同嚴飭文武各員，竭力破除積習，實心經理工程，務求
鞏固，經費力杜虛糜，倘有疎懈，隨時揭參，當即稟　實情，揭以重功，仰副
宮太保中堂爵前　慎重河防至意。南北兩岸早口土埽各工擬于十月內趕
辦完竣，石堤七號水口門工程較多，今年不及合龍，先由兩堤進占引
河，將段通長一併仍來及概濬，至下口積潦未消，礙難查看，俟探明
水涸後，會同逐細覆勘，悉心籌議，核估辦理，除石堤七號兩堤進占並
南北兩岸各早口土工程分數由（職道）等分別隨時呈報外，謹將興工日
期及分辦大概情形並派委各項委員銜名清摺，呈
憲台察核備賜　批示祗遵，為此

奏為永定河工程緊要擬爰通盤預籌議章程請
旨遵辦恭摺仰祈
聖鑒事竊查永定河南北兩岸綿亘四百餘里為宛平涿州良鄉固安永清東安霸州
武清等沿河州縣管轄地面該州縣雖徵河淤隙葦等租及派撥防汛搶險
民夫在在均關緊要乃因河工與地方不相統屬各存畛域之見日久玩生以致地
租積久日多民夫抗違色折種種情弊迭經歷任督臣嚴札飭辦而該州縣等
視為具文往往置之故事甚至大汛搶險及堵築漫口大工購料覓夫已當吃
緊之際近堤居民居奇勒措索要重價該地方因無協防之責置若罔
聞在工各員呼應不靈事事掣肘因之僨事者不少雖臣飭據永定河道李
朝儀查明實在情形妥議核辦前來臣查永定河偪處近畿因疏通
水道拱衛
京師是以專設河道暨同所汛各員隨時修築並歸直隸總督兼轄遇有
潰漫例議綦嚴沿河州縣應徵河淤隙葦等租均應按年清解伏秋
大汛一遇險要工程即應派撥民夫赶緊搶築乃地方官日久玩生應解地
租既多積欠遇有要工復不認真督勸以致人夫短少料物奇貴貽誤非輕

近來河身淤墊日高，堤岸坍塌日甚，若無巨款可資修濬，連年漫口為患，

隨設法堵築，每遇大汛，仍虞壅潰，必須及時通力合作，冀可挽救於萬一。

各該州縣情形，河道統轄，又河工決口地方官例分，相率諉卸，錮弊

殊深，亟宜因時變通，求其人乃伏查南河、東河河工道員皆兼管轄地方，

沿河州縣皆有協防之責，永定河為畿南保障，水利民生關係尤鉅，自應

仿照變通酌辦，擬請

旨飭將宛平等八州縣除錢糧詞訟及地方一切公事仍歸該管通永、霸昌兩

道核辦外，其有關涉河工地租民夫及修防事宜，均責成各該州縣認真協

同所派各員辦理，統由永定河道考核，果能實力奉行，著有成效，安瀾仍

准由該道稟請獎敘；倘有玩忽等事，即准據實稟請參撤。其各汛員有買

放汛夫、干預地方、藉端刁難等弊，亦由該道嚴查揭參，著為定例，庶幾

呼應較靈，不敢再有推諉。除將應辦事宜酌議章程四條繕具清單恭呈

御覽外，相應據實籲懇

天恩俯念該工關係緊要，准照所議辦理，於水利巡防均有裨益。

敬啓者竊○○前將會勘(永定河)漫口以下南岸各堤錦尾漫口情形並擬築囊壩及補
築南岸殘缺堤埝各分數等項　奏聞在案茲蒙庙諭令白霖積[illegible]
亟須估修并諸公大工即於七月二十三日帶同永定河同知○○○南岸同知(經歷[illegible])
○○○親補殘堤等汛親詣漫口樣口履勘并察全河情形逐細
丈量將應辦河堤各工詳慎估計已在勘估冊內據實
詔示[illegible]物料價值[illegible]庫存支領之項[illegible]籌款不易[illegible]核實[illegible]估報[illegible]
估[illegible]務期覈實以紓[illegible]
此次大工實係黃河道[illegible]工程[illegible]下游又須改[illegible]河道
各汛堤埽[illegible]閘壩[illegible]工程[illegible]
錢糧加增現在存[illegible]將必不可緩者據實估計共估需銀
業　[illegible]需實係[illegible]合造具清冊[illegible]
○○○○李[illegible]共　奏[illegible]　[illegible]並求[illegible]
于[illegible]月[illegible]
各令[illegible]工[illegible]
[illegible]

祝

風欽 此年來遙聽依華顏 瞻塵靄觀 雲范符 仁慈之渥被沐 深知之頻遙河下雅保依忠

兹際 謝賜邸報 [illegible]調元恭維 大人勛福延鴻 泰祺綏鹿 禪瀛多士 介祭和於樹 [illegible]

榮 就虎符 恩綸下 楓陛 寵衡景仰露祝維慶 遙瞻[illegible]樽敬[illegible]歲中[illegible]穀

敬頌 四年[illegible]丹[illegible]恭介 [illegible]福安伏維 垂鑒

徐

蔣任

遠瞻 華范 趨謁未由 [illegible]時伸 而忠忱莫切 三台[illegible]仰首[illegible] 一[illegible]寅衷[illegible]

[illegible]崇[illegible]祭 以下同上

[illegible]道黃

兹因上 恭維 大人[illegible] 春回[illegible] 師[illegible] [illegible]

逐因[illegible]開 北[illegible] [illegible] 九[illegible]

[illegible]台花

日前 榮[illegible] 仰瞻 鈞范 荷蒙 [illegible] 大人[illegible]

[illegible] 肯[illegible] 風[illegible] 師[illegible] [illegible]

[illegible] 蘇[illegible]奏[illegible]下同上

南[illegible]

[illegible]隨 左右 [illegible]

春回[illegible]恭維 大人[illegible] 仁[illegible]

[illegible]陽[illegible] [illegible]

引[illegible]慶 下同上

[illegible]

[illegible] [illegible] 以下同上

皐案陽

敬肅者竊 台 前奉初因差務有所稽

鈞誨屢承

慈垂俯賜獎譯 俾得遍行之年 實深感戴 至蒙隆賞 賜挂屆崇亦皇恩

芝精集瑞荼佳

大人履祉申錫

福曷其量

凡者仝歡

時屆暮秋清之儀

星輝 福曜中天 敬賀

霈澤

恩即普

蔡紅光各葵赤 台 東孔逐隊擬鼓諸熟欣遇節屆境圓 恭敬并賀 誠悅懽

肅此謹申經丹恭叩

崇安 安請

福安伏乞 垂鑒

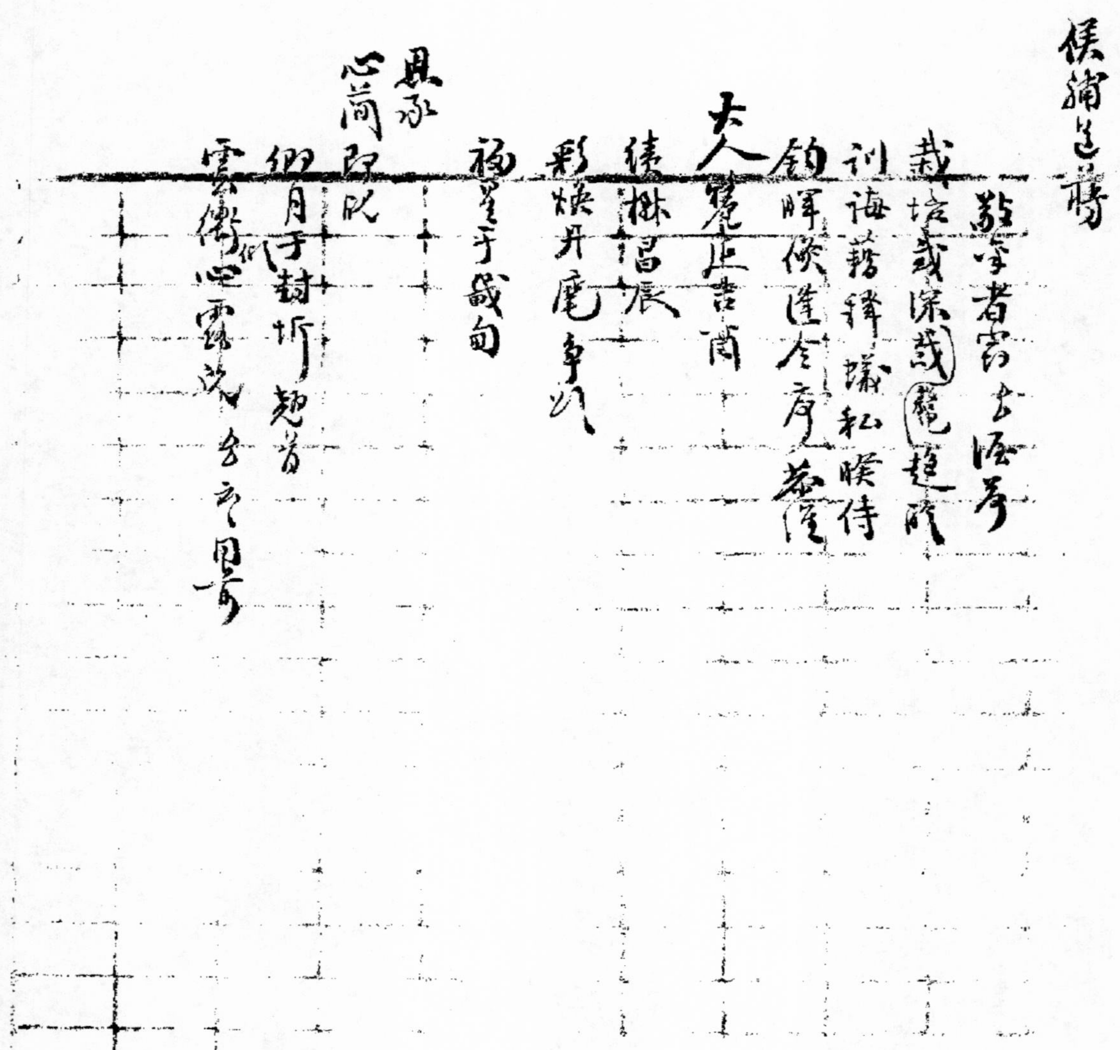

年賀臬台張　共單十六行

敬年共寫○○前在保陽叢○領護栗俾征途之益增實○庇廕之同欽

煌燭方銘蟾輝胸朗恭維○○大人格辰迓祉○秀日延祺○樓接星

高涼鼓角而宵除兜肇○春曉霜開耀鏡之而肇普鳩衡○○芸編

開紅綴之祥○槐綴將丹梯之步○轅國森錦端傑戟於洽蕃祐○○遐遂敘文

奏防處更莫紀潮銀墻而波迴莫翼見鳥以依光故○丹桂以峰

高嶺隱之霓裳而獻頌耐修十年之變收○秋鑒恭請○勛安伏

惟○垂鑒○○○○謹肅

弟畢戊多年，需次補缺，吾鄉友咸望其得一差缺，俾藉此得以糊口。
聞年兄新任直隸藩伯吳子苾先生，任
乃直隸候補人員人數已多，差委者限不甚多，今年所靠之一差，殊覺不易。
大人乙未同年，前已知交，可為薦入。
果若屬以謀，則凡需差之處，幾條差缺，未知萬廣處切惶恐圖思。
觀其必時相見，何不仰求。

大人格外栽培

俯賜噓植，以

春風之披拂，俾小子之四載

世業之從……載一期，今十月中旬，敝下忙詣

粗倒存掃數清解，所有解去紛紛，宜須要費

伏懇叩乞

大人重行斟酌賞委，此差應調鮮房稽核，不勝感荷。或給糧存之缺出，即委代理

之年謀別，或有

生成之德，實同覆載之恩

工六号十号十四号旧埽迎溜，得以西北风大，十五号诸
閘老險處所護埽均損坍刷坦，尤為吃重。○據報該處所風等
桂柳兩埽撥子搶護，此次風大，十五號及十六號防護平穩。兩
三工之六號（十五號）十四號溜勢逼近堤根，該段借搶護
廳勢漸趨緩，甚屬純收之力，惟廳該險為要
第以勢危險已極，亟宜搶護。據該署廳防稟前所風
督率兵夫，加工盡力搶辦，由下埽力為保護，以冀
仰副　憲懷之至

○又稟白：今早查勘南岸三十七號及十號漫口情形並辦理裏頭由　七月十九日
敬呈者：前〇〇奉〇　憲台接奉　憲札飭赴下游會同李道查勘
南岸三十七號漫口情形，速籌裏頭防護，並飭各汛加意防守，並
將來如何修堵，妥籌估計。業因此呈即率該廳等於七月初
日親抵工次，適〇〇〇　接奉憲札飭赴南岸三十五號漫口　韓批札飭道一体

奏為永定河蘆溝橋以下石堤五號尾漫溢成口再行分別參辦並豫陳堵口實難緩情形恭摺仰祈

聖鑒事竊查本年永定河南岸二工六號漫口情形經臣於六月初九日恭摺具奏並請

旨將該管道廳汛員分別參處在案茲於七月初二日據永定河道○○稟稱連日督飭員弁集

夫購料趕築南二工六號裹頭已在垂竣間復因雨又復漲備河水勢湍急石景外要正將鑲拔水深二丈三尺五寸

發上游几為浩瀚又據蘆溝橋巡檢○○稟報南岸石堤五號尾漫水高出堤面尺餘沖刷背後

土埝漸有分溜之勢上游各汛水均出槽拍岸盈堤異常洶湧以致處處生險當飭各廳汛弁兵

分投搶護一面派委知州銜補用知縣○○○隨同南岸同知宋□□馳往搶護□□過水之處

設法堵築該道因北下汛十三號斜對南二工六號口門抽掣過甚溜逼堤根情形十分吃重親

往查看該汛十三號距埽所堤□有漫水□處勢極危險即飭□□□□捲由掛柳添

雇民夫趕做後戧力為保護一面無如風雨交作水又保長已與堤平大溜沖激堤土化沙又值

大雨淋透堤身坐蟄掣出大溜三分撫護撒手該處水勢陡落溜勢漸緩當飭弁兵往上游查看

旋即接據南岸同知○○等稟報蘆溝橋以下石堤五號尾漫水甚大沖刷土埝掣動大溜水已漫堤該處

迴幸無埽工又無積土儲料僅仗集夫挑土築埝搶堵力據大溜直一時實措手不及於六月二十

四日夜刻兩岸石子埝冲缺奪溜成口□□該道馳往查看委因水勢高過堤面漫刷石子

土埝將堵豁口大溜已掣出九分之一分仍入大河水勢猶高勢必全掣口門現在口門寬

四十丈上下游情形詢之該處老民僉云從來水高於堤面尺餘自嘉慶六年以來數十年所

未有實屬人力不能勝天據實詳請參辦前來臣查蘆溝橋以下南岸石土堤舊歸石

景山同知經理向未設缺凡嘉慶七年分撥董溝稻巡檢專管二十一年將南岸石
土堤十四里改歸南岸同知經理其岸堤工此次南三工六號漫口甫經興工鑲裹而上
游石堤又復漫決實緣河身淤墊受病已深本年五六兩月暴雨兼旬口外山水异
漲近岸水勢尤大緣河低窄易於積淤數丈一經汪洋下游疏消不及河身不能容
納以致漫越沖刷人力實無可施惟該河道〇〇統轄全河兼往來風雨汲汲之中督飭
搶護究未能力挽狂瀾南岸同知〇〇職司修守亦難辭咎該二員前已奉 旨革職留任
應請 旨再行交部議處董家溝稻巡檢〇〇係分撥專管之員雖向係額歇
承修究有防守之責應請革職革任以示懲戒臣督率無方並請 旨將臣併行
交部議處臣前委前任永定河道新補通永道〇〇馳往南三工六號會同該河道〇〇查勘漫口情形現聞
該處已成旱口全河由上游舊路繞至衙派村雄縣一帶併歸大清河入海仍飭〇〇馳赴董
溝稻石堤並張尾查勘估水勢稍定即督飭各員弁相機盤裹以防秋汛倘目下天氣暢晴天
津海河爲直晉豫來源水滙歸之處雖去時宣洩不及秋後可冀斷消惟永定河本名無定
素稱難治近來河身高仰更甚堤工歲修搶險責久經積淤無力培修日形單薄是以歲
有漫溢之事此次壓漲又數十年所未有不溢於下游而溢於上游既溢於上游之土堤
又衝塌上游之石堤水勢之浩瀚可知河身之高墊亦可知已該河切近畿南似未便廢而不
治若大興工作誠恐財力即徒築缺口而缺口既多引河太長亦非能歇莫如且審其實
確之區亦知實款之狠日期在四同知所指作已 敕下部臣通盤籌畫預爲長計臣仍督飭
該河道等核實勘估俟行具奏請 旨遵行所有〇〇〇〇漫口搶護緣由理合恭摺具陳伏乞 聖鑒

为会详请筹永定河南岸二汛漫口工程援案请
帑兴办恳
恩具
奏事。窃查永定河南岸二汛十三号，于本年七月初六日堤工漫口，经
前署永定道据实禀报，奏奉
谕旨……钦此。钦遵行知到道……饬将河水
叠次盛涨……赴紧堵筑……情形，禀明……
前署道即督率厅营员弁核实估计，并筹堵……
筹原估银五万五千余两，经……驳令……核减，复……
工所……又量于无可删减之中又加删减，计共估河填
土埽各工需银十一万三千余两，观察形势，……
实已无可再减，禀请
宪台……核批示，筹款兴办在案……
宪台……筹……行知……司道等会查得永定河

兩岸堤工綿亘百餘里，地當畿輔，拱衛神京，關係甚重。歷查向辦成案，遇有漫口之處，均須並籌堵築。卷查嘉慶六年兩岸漫口，奏請動用部銀一百萬兩，十五年漫口用銀十四萬六千餘兩，二十四年漫口用銀二十六萬餘兩，道光三年漫口用銀十三萬五千餘兩，十四年漫口用銀十三萬兩，均係奏奉諭旨，發部興辦。自道光三年以後，因庫款支絀，不得不量為變通，由外設法籌捐辦理，要由遷就，工用不充，諸從核減，以致二十三四年及咸豐六七等年，連歲漫溢。覆查嘉慶十七年以前，每歲均奏請另案土工銀數萬兩至十萬兩不等，迨至道光年間，十三年奏辦另案土工，自道光二十二年以後，土工停止，僅辦理堵築大工，又未能寬籌工用，竭蹶從事，全河受病，歷有年所。且永定河向稱無定，渾流淤澱，挾沙而行，甚徙易淤，最為難治。欽奉

高宗純皇帝親臨巡視、
賞示詩訣、
聖訓煌煌、昭垂久遠、恭載永定河志、實為千古治河之準、茲際
聖治之時、近畿軍務肅清、惟因本年秋水盛漲、為數十四年來所
未有、以致人力難施、堤之漫溢、推求其故、委因全河水道沙
停、河身墊高、堤埝日形卑薄、難每年搶要修培、無如限
于經費、未能普律施工、奏撥土工之案、停止已將及二十年、
分別裁留兵勇[illegible]所有經費、計不下四五十萬兩、又值軍需甫竣、善後事宜、
需餉之鉅、閭閻[illegible]罄懸[illegible]所收各州縣地丁正額及旂租等銀[illegible]籌措[illegible]
計已實屬無款可籌、[illegible]備由地方勸捐、則捻縱竄擾之區、方籌撫卹、
勢難責以捐輸、而此項堵築大工、不特乘時審勢、必須趁此秋
深水弱、力籌堵築、以免天寒土凍、趕辦不及之虞、且若再展限于
工需、苟且從事、轉瞬來年三汛、仍虞有潰、所虛款求荷用於
目前、恐致虛糜於事後、日甚一日、統籌全局、未敢狃於一時之見、
益滋焰漠之愆、再四熟商、惟有援照向年、成案請

妥办理，庶收实效，不揣冒昧，僂晰剖陳，所有奉石太堵築大

工例照

奏請查照辦緣由，理合會詳

宮太保中堂爵憲覆核，俯准，將此次堵築永定河南岸上汛十三號

漫口工程，估計河、填土埽各工程銀十一萬三千餘兩，

恩准援詳具　奏請

照興辦，並求例照，

大恩

飭下户部照數撥措銀兩，限於九月內給領，俾資赶辦，實為公便。

河道等為河工大局起見，是否有當，伏候

憲裁。再此係　主稿合併繳，為此備具由呈，仰祈

照詳施行，須至詳者。

旨建　紅白

寧南岸石堤出歸尾漫口河堤各工銀數並請　飭撥修由

敬字者竊臣前將會勘永定河蘆溝橋以下南岸石堤出歸尾漫口

甚險堵築裹頭及補築兩岸殘缺堤埝各情形奏明

聖鑒在案茲届節逾白露積潦漸涸急須勘估堵合大工即于七月

二十三日帶同石景山同知王茂壇南四工固安縣縣丞李倬然候補知

縣王仁寶馳赴蘆溝橋自上而下周歷履勘詳察全河形勢督飭員

弁等逐細丈量將出險河堤各工詳慎估計正在勘估間接奉

鈞批仰蒙

聖訓倍切悚惶當此庫藏支絀之時籌款非易所有出險各工處處悉心

確究親加細勘並督飭承估各員統籌全局分別緩急輕重情形

核實約估斷不敢稍涉虛浮務期實事求是以冀仰符

聖廑惟此次大工實係引河過長上游既須修補出險工下游又須改濬

河道加以各汛堤埝甚險等工又復不少是以經費較增現將出險各

工必不可緩者核實撙節估計共估需銀　萬兩　零

在四均核有益求省實已無可再減理合造具清冊並繪圖貼說恭呈

聖鑒伏祈

察核具

奏請

奏具先行酌撥款項務于　月內給領俾得及時興築今年節氣較早工程較多遲則瞬交冬令為時太促實有趕辦不及之虞伏乞

鑒察施行實為公便除石堤漫口盤裹幫築於　月　日工竣南北兩岸各旱口亦已一律補築完整仍飭於勘工時陸續驗收並無草率偷減情弊職道當俟竣即行赴津趕叩

崇轅面稟

訓示合併陳明肅此具稟敬請

福祺伏維

垂鑒職道○○謹稟

督憲 紅白

稟堵合永定河南岸石堤四號尾漫口河堤各工並改濬下口河道各號數請 奏興修由

敬稟者竊職道前將永定河南岸石堤四號尾口門以下續經酌覆擬另立填基盤裹係由職勘估堵合大工情形稟呈

憲鑒在案連日天氣放晴復督同廳汛各員將石堤河堤各工親加細勘並悉心程稟並防險估各員悉心酌量全局分別緩急輕重情形核實約估惟南七工改挖河道估由北柳坨頭淤二鄉村南起至蕭家鋪止計長三十里下游自于家坟起至鳳河口止計長四十里因積水未消

不能駁勘，約畧估計，均需實求是，不敢稍涉虛浮。當此庫藏支
絀之時，籌款維艱，自應格外撙節，無如此次大工實係引河既長，
上游須修補，石工下游又須改濬河道，加以各汛禦水埽段等工，亦
復不少。是以估費較多，然將石路各工必不可緩者詳慎核估，共估
需銀二十七萬兩零。職道再四確核，省益求省，已無可再減。
理合繕具清摺並繪圖貼說，恭呈
憲鑒，伏祈
察核具
奏。再，
撫憲修防費用公便。再，職道業經飭印委趕緊趕辦。
憲轉面示一切款項
鈞諭，合併陳明。再，此摺係恭錄
福祺，伏乞
垂鑒。職道□□謹肅

八月廿四日

同治七年冬至八年秋止

徐任福

稟信稿

督憲。加單
刑任字

敬密者，竊○○卯辭後於本月初三日馳抵固安，會晤署任蔣道及各廳汛等，詳詢南四南七堤埽工程，暨南上汛已開裏頭情形，據稱南四南七兩處堤工，均已完竣，南上汛已獲築堤進占，盤做裏頭，均經分別各在案○○。卯於初十日卯刻接印，寅俟接收各件清楚後，即當馳赴南四南七兩汛查看新工，並至南上汛已開裏頭勘逐細詳察形勢，再行據實稟

憲鑒。至蔣署道任內動用款項，未銷細數，一時未能核清，

憲代為奏時，自行核撥款前往。三口通商大臣崇撥到天津關洋稅銀貳萬兩，查收，並請 蔣署道

收申報在案矣。○○樓渥移交天津道糧錢　陝甘總督部堂

左　飭存部撥軍需銀貳萬九千兩，即與該署道會商，飭

派庫書照同彈兌，除原短平銀七百八十三兩，實收庫平

銀貳萬八千貳百二十七兩，請已收儲道庫，另備申文呈

報，合併聲明。○○任荷寵禱，感仰承

繫論指授機宜，惶懼失慎，矢勤力求整頓，以報知副

宮太保中堂爵憲慎重河防至意，肅具寸牘，伏乞

訓示，恭請　福安，並頌　垂鑒

冬月十三日發

藩台

午翁仁兄方伯大人閣下：日前肅寸牋，敬鳴謝悃，度已早邀

雲覽。原任　景州同知楊　泰臻，據該令稟稱，日前因遇田渠

在在均須清釐，查同治六年歲修項下除已領外，計尚
應找領實銀貳千九百五十兩零。此款係上年修培堤埝購
備歲料之用，早經各汛設法墊辦，迄今日久，積累不支，亟盼撥款
領到以清積欠。又上年堵閉灰壩等工尚有不敷工需銀九千八百兩
零未撥。貴處撥款無多，此款原請留作明年搶補本年要工無
和而撥款為東撥清撥銀，搶修無上年工程實發銀兩有
應發各工員墊辦之項均未清發，亦須請領，而本年實無從發，本年銀
款均係奉天之撥，亦存無可開銷，不得不仰祈
憲大人俯念同舟，迅將應發之項不拘多少撥發，俾委員帶去
俾是相維，以清積欠為最要。蓋荷之私，不獨一人已也。除
另備公牘外，因此布懇，敬請
台安
冬月廿七日
○稍走 夾單

敬肃者窃。。前由寸函谨将回任接印日期禀陈

达鉴在案。于十一月二十六日起赴南岸十五郡堡口逐一周历履勘

查此两堤叠经逐点盘查里外丈量口门共有七十余丈惟

详察情形所做工程除土层层逐压未能坚实深恐来岁

春融坐垫渗漏岌岌堪虞现已严饬该管厅汛并专派员

弁昼夜防守不准稍形疏懈当俟冰泮时赶紧设法

修筑竭力保护务臻稳固俾免续塌之虞。。随即折回

南岸沿堤而下查勘南四南七两汛填工看得旱口均经堵合

工程尚称稳实惟埽段单薄来年尚须加厢高垫惟自南四

汛十七号以下引河至南八工六号以下直达尾闾积沙本年秋

汛时又经挑挖而日久风沙壅闭未能一律抽刷畅通以致下游封

河前亦高仰，若不复勘另估加宽展深，则水性就下，来年合龙，何能复归故道？而当久宁之地，深冰雪载途，未能复勘，实俟来春解冻后督同熊守工程之员详悉勘估，务令下游河身加挖宽深，俾得建瓴之势，并饬确估各员力求撙节，俾免工归实用，款不虚糜，以仰副

宫太保中堂注意慎重河防节省经费至意。再署任蒋道保源前工程之资，未年无附可查，仍委该道来工会同商办，以资熟手，之承出自

垂鉴，不任悚企之至。

十二月初四日发

蒲台

平荔仁兄方伯大人阁下：昨年　赐函，以本年　计费仿照已届所有

敬求君小华勤各员严督守实，毋信偷卸，即赶紧速送等

回查郡丞所属河工厅汛各员已据造具履历清册结申送

到道，业经详悉照例分别两款，实加考语，造具册结，已据实察

钧宪安不宣

丞侍云菴拜禀

张泉禀两纸附

涂抹呈稿未另缮

十二月初七日书

又

午亭仁兄方伯大人阁下：敬启者，昨据前任三角湾通判唐作孚称：

窃吕自同治四年调省察看，缉所勤休，永代早已遣标本

任所日回籍，因任内无有应领系工部两，自咸丰九年冬

季起至同治三年十二月十七日交卸之日止，计一年实欠

九百九十一两四分，不料竟向由武清县支领，嗣以武清县留支不敷

必須赴司庫領回方能發給各任因循未為請領以致積欠
多年前任武清縣令代史文領倌本員自行請領在案守候
至今未得　飭發清算狀阻又于冬月丁生母艱亟須
扶櫬歸里而苦乏川資進退維谷情有難至
吏員職分全無路切實照發　蕭某係公寓員另有扶柩回籍將
應領係工銀兩為數甚實其情查核無所寄委係實在
情形情殊可憫可否作詳　因蕭某所應請領之
係工銀兩飭房撥照數批發則感荷　蕭某身受者
己巳十二月節照　　十二月十一日發

復前北岸廳程

運復昨奉　來函以　閣下任內應領各款仍請照案撥給等
因查櫃內所有之款均提道庫存儲以致庫欠應發前任庫

宮九洗兄大人閣下：劃一圓(是本日先行中右交巡檢)四年小崇圍是年水旱偏災各款，六
解兄速支費，應俟征解到日，方能於六七年撥本任之。弟兄撥交
本年已解到，弟之兄此款目各汛樁蕨應儘裁汰，即現任所有
六年此等領款，共六年河係原數，因兄未清，兄款撥費性
未領四年借工銀兩，應俟由補給伐之文到，道當予撥與
行據請兄速解，以濟經費。此布，復

三月初八日

宮保南北大堤穩固，並啟放引河，水勢通暢，慎以同由

宮保督憲 佑白宇

敬祈者密○○春○ 等據禀

主札飭委員蘇南上南四廳南北河堤各工，當將河堤分數並興險日期先行呈報

彙核閱案

憲台親臨南北工次及南四汛驗收，各工再委任道驗收南上汛河堤工程○○憲○

自興工之日起，駐紮南岸大堤，督飭各工員率領兵夫逐日廂速挑呈

層土層料簽釘長樁填土加壓厚土層、夯硪堅實并添做防護夾土堤
土櫃蓄水望用時加築其時正值雜已水枯自蘆溝橋以下河斷尚有清水
汩汩而來南七堤前水深三四尺不等即於四月初九日寅時掛纜合龍
迎壓到底埽段上蹲穩固惟時值桑乾河水業已斷流未及啟放引河○善
後駐南七大堤督辦善後各工當即派委文武員弁防守大堤晝夜巡視不
准稍有疏懈復將堤工已經加高埽段加廂釘樁所有東西兩堤及上下邊埽
均已一律廂做穩定○○德○分駐南七工次督率工員堅築堤埽認真加工疏
濬引河次因就主溜以下河身節節、淤塞逐段詳加履勘凡有高仰及坐灣不
順之處添挖子河並裁灣取直由寶底窰而下接舊河形直達鳳河尾閭
普律暢順復周歷南北兩岸凡有險工處所如南七南下南二南三南四北
三北七四下四等汛添估土埽各工均已督率廳汛各員照估興辦告成
根究至北三工五號圈埝及北四上汛六號挑水埧並廂做埽段南四汛四
號最護埽挑埧現亦督飭廳協照添估趕緊次第興工俟次告竣另行奏

月初三日未時麥黃水至測量堤前水深　尺　寸大堤堅穩探驗實無滲

漏一面督飭引河引溜東趨順溜而下。等奉。現水已退仍查看河流暢順初

五日由南而南分馳赴南北汛會同。。繼。查至下游實屬寬暢河水于初

六日　前直達尾閭全河復歸故道形勢極為暢(順)順依然停滯之處實堪欣慰

中堂福庇。。等惟有仰體傳諭嚴飭現仍督飭工員將防守事宜妥為籌備

至各工動用經費另由。等另行分別據實具清單另行詳細開報外所有啟放

引河水勢暢通順及大堤穩固情形理合會摺

宮太保中堂大人察核具

奏為此具摺恭請　福安伏祈　垂鑒

九月初十日發

又○
加分年

敬啟者查歷次大工告成予以議敘又留工效力果能奮勉從公例得干合

龍口諸員閉後原奏內聲明。等奉。工竣九月間堵合南北兩岸各門口

同知衔候选知县周安仁冠以胡桁革职留工不必分知府用候补同知三
角汛通判朱津降级留工不必分南北工东岸等处署北三上汛千总衔
知县候补同知徐枫署南七堤工候补知县马光奎守备衔南岸千总李柯
等革职留任不必分寄请开复翎顶
宫太保中堂爵军门 奏明俟南上汛漫口合龙后具奏请
恩施 现在宗汛已大工告成该员等随工效力不辞劳瘁例应请
予开复 又署南岸同知候补同知余洵借补都司衔河营协备署守备
署都司尹光彩 旧任南四南七上西路各处分别革职留任留工尹光彩
于同治六年北三南七两次漫口革职留任知州用霸州何耘革
职留工南岸把总徐恭俭革职留任查该员等在工当差咸知愧
奋合无仰乞 恩施 俯附片 奏请开复原参各处分再月春汛将
建届委派办理南上南四河堤各工勉竭血诚谨未分平南四

南河工兩次失事降級革留本屬咎有應得現經合龍可否循例酌請邀

恩之處出自

鴻慈俯賜冒昧瀆陳悚惶無地又此次在工人員或經屢保或承挑引得或

分办土埽各工均能改移舊習任勞任怨不遺餘力可否擇其尤爲出力者

由〇〇彙案詳請奏叙以昭激勸伏祈

鈞裁專此具字再請 金安 同上

宫〇

督星夫子

敬肅者竊〇〇昨准

憲台委員候補府徐守〇〇傳示

鈞批以大汛屆臨需用孔亟需款貳千兩先儲現料以備要工搶險之用又本

年桃汛防險儲料銀六千兩現已陸續採買應再請發銀四千兩

以資備辦料物分儲險工此道光年間分儲現料之例於其間係奉飭

比年修築圍所見

籌畫周詳無稍不至

且能節省糧稅通工之得宜

仰見風采

委任得人，料理裕如，詳明精細，而又能勤儉，益綜守相度機宜，添辦料物樁蔴，以儲要工

嚴飭工員備辦蔴料，認真經理，務使工歸實用，款不虛糜，仰副

宮太保中堂爵憲慎重河防節省經費之至意，現值伏汛，一切詳報而

已如數籌撥，務期備具領交，領款因謹領，除備文請領外，並另具稟請

福安，伏祈

垂鑒

五月廿二日 發

蕭山日電

平安，信人方伯大人閣下：日前接奉

大移，蒙 賜函，督查機務，標示，補修防守，甚為示下，伏秋大汛

必須預籌經費分儲要工以備搶險之用準約費銀二千兩先儲
現錢備用又本年據淮之防險銀兩現已陸續採買料物原存
淮庫銀四千兩以資備辦即飭存於關道關解到河工銀項下撥
給等因仰承
閣憲念切無虞即備文請領以資無誤茲值大汛
屆臨所有險要各工亟須添購料物以備盛漲時搶護之需待
用孔殷當即分別備具文領派委新補主簿蔡○○賚呈
鈞閣發給
迅賜查照即將本年搶費搶險購料銀共六千兩如數
籌措發交委員領回以便工用是所至禱除另備文領外合函
陳布祗頌
台安統維
澄察不備
五月十九發

沿河各州縣通稿

敬啟者案查永定河每屆大汛例應各州縣派撥民夫上堤防守歷經
循辦在案乃近年來派撥兵役徒有折價等事以致鄉民藉端刁

抗不肯上交防險[illegible]積土，殊至有名無實，殊非核實辦公之道。今年屢奉　中堂嚴札整飭河防諸弊，於認真不准仍蹈舊習。嚴飭各役挑選精壯民夫，限五月二十日以前全集河工，并諄諭民夫等及各汛員於名冊點驗，並將備保限上堤，住工防守，認真積土，毋得仍前玩延，任意短少積土，是爲至要，何也。李西後因七十二險應備

以便於一函敬請　[illegible]安

五月十九發

○督憲加單

敬再者竊。。正在具稟間，接奉　憲札以統補險往守具呈備料防守添減汛兵，裁移汛缺，於扣節料各等情，抄發具摺，知飭遵。如等因，恭讀之餘，不勝惶悚。。自大工合龍，即將兩汛防守事宜稍量置辦，以備搶護要工之需。業於四月間派委妥員前往採買秸料，先後恭撥二百四十垛，撥二萬餘採，均已陸續運儲工堤，嗣又會同於五月中旬核收

豫省北两岸凡有险工处所，分别最险、次险、平险三等，以险要之等
差定储料之多寡，复筹拨储料八十余垛，桩四万余根，麻五千余斤，
分储各汛要工，○○随时往来查验。所存料垛并新旧搭厂，高梢坚实，力除
空虚之弊，以备宣防。其各汛春间所办旧料，亦俱存贮。险北岸八、
南下八堡三[illegible]各汛料垛，现已收圆八十余垛，即于[illegible]
清摺恭呈钧览。又南岸南河工程险要，无不熟悉。[illegible]
工处所裁减添募，当即会商条守，均办。至添设南河下汛移驻
事属[illegible]，批示祗遵办理。另委署都司吴○○专驻南河下汛防守，
咸遵[illegible]办理，以仰副
宫太保中堂垂念河防，通盘筹画之至意。专函奉复，虔请
钧安
五月廿日禀

嵗守者富。。前因永定河叠次长水各汛纷纷抢险分饬赶紧抢护并飞饬

南四加字十二、十六等号平工抢办情形在案　本届(?)在案查通工形势惟南上南下

四最险而南四汛各工俱属新工尤形险要因十六号以下引河尚未通宣(?)漫滩水

普律出槽北岸逼堤情形十分吃重。。前饬该汛各员弁抢护稳当将各埽段

加厢压土宽一日之力保日渐臻稳实旋据代理北岸同知[illegible]。。禀称北四上汛

十三四号堤工北四下汛三四两号及于工尾二十余里之间一片汪洋水势直逼堤根溃(?)

不堪危险高岸漫水漫过两号堤埝赶即抢搂内多方搪护正在抢办间三

号又复抢险水势直漫堤岸危险万分当经分饬汛员弁兵抢集村民运(?)料

设法抢救不意二十二日戌亥之间大风陡起激浪腾(?)空北四下汛五号水越埝顶刷塌口门

十余丈启星(?)之间措手不及伏理合禀究(?)等情据此。。接阅之下不胜惶急当即

北岸驰往抢护以人力因天乃值风狂溜急毅由北三工冒险济河于风雷雨之中行抵

北四下汛三号因漫水将堤身隔断不能经赴五号又复遂由渡河于回南岸于

廿二日绕由南五遇河查看北四下汛五号漫口已经夺溜冲刷口门二十余丈无可抢救。。

仰荼　委任兢惕时深所有险工要需如意防守多储料物添派工程

閘底實力稍為開展 高處尚差一尺不甚平工水勢因收水勢遂引河不能暢下

漫越堤埝實因桑園合龍在即二十餘日引河過於短窄 一時不能刷寬河身不能容

納以致漫溢。。 統轄全河職司緊于防範 莫挽狂瀾 辜負 聖恩實屬咎無可辭惟有

仰懇皇上 重參並代理此岸同知龐確遵判王。。其北岸下汛同知並請交部嚴加議處以示懲

專司河防緊要事拜摺具陳

皇上聖鑒再查實為奏 奏現在。。趕緊購備料物飭調兵丁並工程所汛另行盤築裹頭

以防偏塌再此次漫口由雞鹹河順流而下被淹村莊無多人口無傷合並聲明

現查上游尚有十餘汛險工林立 除飭所汛加意防護毋稍疏懈外合將北岸下汛

兩處漫口緣由先由六百里飛咨 東台查核 請撥欄堵之項至有具咨

叛請 聖安伏乞 垂鑒

五月廿六日發

又。加單

敬再啟者。。現查河南岸下汛引河並未淤墊漫溢北岸下汛兩處口門逐細履勘連日

水已落枯迤上坐灣之處水深三四尺不等原舊河形內灘高出兩三尺上四尺迤下河身

阅段有涨無了不常即会同徐守国安知府除令並飭無工程所用員弁詳加妥议会稿此
次漫口非楚之多，如果半月之内不再長水，及時設法補救，或可收幸于萬一。○以省
此形勢何如極力搶辦，即或功收晚蓋，務須精覈緊要補救帮趁。惟此項埽工係与此事功時值大汛
水勢長落靡定，然亦有成未成者，惟但有一線可籌之機，不得不竭力搶照
妥為籌備，然何如。稍底自从力搶狂瀾何歸，如其道或者可上體
聖垂，諒俟水落成数，随时筹款，另再附案续。飭遵伏祈 垂鉴

同上

又加單

敬再密者，本月二十二日據守河水勢叠涨，各汛纷纷报险。南工汛之二三号十二号
埽段同时平蛰，南下汛四号迎溜顶冲，蛰埽八段，連日即補做新埽十号，新埽
平蛰。南三汛十号接埽塌坎，溃至堤根，亟須添做新埽。南四汛四号九号十二
十八等号埽段陡蛰入水，南二之六七号十五号、南五之十四号、南七之四号六
号埽均平蛰，北四上汛二号十号水上埽，而埽段接臨北五十三号之二旧埽
雖失十段，亦即補做新埽，于中最为危险者，南下之四号，南三之十号

南四之四号、北上四十号、北五汛十三号尤形喫重，均经。。多防各厂风碣，力
於护加厢，稳实应补者添埽段，现已赶紧厢做，以资防守。所有接办
各该险工情形，理合密陈。
又另查核动用椿料细数，另缮清摺，汇呈核。外肃具寸禀，恭请
福安，伏乞 钧鉴。 同上

致司道信

日前接奉 台示，备承 绮注，回环三复，感篆五中，殊寄
晕福中蕃，勋猷丙焕，欣慰无已。 弟乘兑台以私。昨于月廿日移驻北岸
工次，督饬工员，采办椿料，调齐集夫，赶紧兴作。计自月初一日大堤动土，
初八日共运大小六百余，均已签椿压土。初九日又运西岸量头门，祇有十丈。
当将顶头加高挡坝，迎埽工程，饬令首目照引河方支，因时值农忙，按权居
奇，现已重添指雇，谅可妥帖如期。 上签，堪佑，日之内大晴

水小骤至，实千分为难之事，不致贻误。○必须于次日设法核拨，俾使
引河挑出，酒势东趋，即当启放河头，堤埽闸坝俾于两日核放不及定于
十六、七、八日，务令合龙，已妙。一切情形容俟 中堂大人钧阅 蕙屏谨上
附陈李毓甫都统 合并奉候 阶祺不宣 一月十六发

○如
督宪夹单

敬禀者。窃○○前将十九日上汛日报业经呈报在案，廿一日卯刻，据芦
潆稳外委○○禀称：二十日未时，长水三尺八寸，又于未时续报本日
卯时长水三尺，旋据各汛报，较除埽各所汛堤险加
厢护，增设险工两道，两下情形较重，两两之险工即赴该汛九号
十六、七、八号查看，埽面傅已入水三四尺，四号以下溜势埽前被
甚险，亟须[illegible]筹，似及至九号以下平静，无须现仍叠派不少

底距十八号堤顶仅二三尺，十五六七号小埝仅高水面尺余，因打桩
进埽，逼窄不能宽，仍要漫出槽漫溢，北相岸为堤，形势十分吃
重。○○督饬所属文武员弁昼夜抢护，一面派弁兵两岸巡查，以昭慎
重。所有各汛险工叠出险情形，理合公禀
宫太保中堂爵前查核，并此具禀，恭请
钧安，伏乞
垂鉴
五月廿一发
禀

又密禀

敬禀者：窃○○等前将北四下汛漫溢情形并现拟设法抢办堵闭缘
由禀明
钧鉴。○○等连日前赴北四下汛察看该处民埝
出险漫溢，势当可设法补救，随即亲往该处履勘，迤下田身高仰之
处，间断漫溢，浅并未全行闭塞，祇须将河头挑挖，迤上下复凡有
坑塘以下挖出淤泥者，间段抽沟，即可顺下，当即分派弁兵疏浚畅

料此次迟速挽水奈此间前得透雨乡民均赴地墉工正值农忙
重价雇长夫已无人应募后又派团兵分赴西岸招雇船夫
二十名始有方长夫赴工所揽挑挖者自不放便拾棵以资陆续汇集惟
需椿料甚多北岸沿堤一带现为漫水阻隔不能运出上次漫
来逐处採买且目下秸料所遗无几便买稀少兼之烧荒祇有广
买柳枝以资捆厢迟误之用若等惟有督饬员弁不惜重资上
紧採办但有一分可以挽回之处不辞劳瘁以期设法补救设使以
归故道上答
宪台高厚之恩下解穷黎倒悬之厄但目下所需者人夫料物不
能应手未能迅速藏事为筹多点物可无由且督率赶
勤安伏祈　垂鉴

六月初二日夜

四督办夫子钧衔

钧座者，前于初二日曾将北罘汛堵筑大概情形函具寸笺，谅邀荃鉴。计自初二日大堤动工至初八日，共进大小六占，均已签顶，长椿追压大土。初九日西堤又进西占，现量口门祇有十六丈，当饬二员赶抢内土，并收顶土加高一面，仍做边埽，并多派弁兵四出採办椿料，以期兵丁人等踊跃尚可，不致误事。惟引河方土散在各乡，且有在清河未回者，因农忙之际，颇觉应募维难，已专饬雇觅，均可陆续安齐。但天时炎热，恐农民久立于烈日之中，易染疾病，势难过于督责。惟有仰求　上苍默佑，旬日之内天晴水小，察看情形，虽不敢十分为难，尚可不致贻误。○○　弟心急如焚，日夜奔驰，督率弁役，代捐亦万不敢稍遗余力，幸均踊跃用命，十分认真。但使引河挖出，河北东堤即可启放，引河堵闭，必于两日完成，横流不及，即于十六、十七两日办合龙。彼时惟闭断河各村水不消涸，仍可补种晚秋，以救仰副中堂轸念民依之至意。耑此，具禀，敬请福安，伏乞钧鉴

六月初十日发

又

夫單

敬啟者。。前將檢辦北門下隄漫口情形，並擬題請會親去後在案。

來。茲計自本月初二日興工起，晝夜檢辦，每填進占，逐做夾土填，概無漏滲。

土並廂做邊埽加壓大土，至十六日止共進十二占，連山填計二十四占，僅留

金門口四丈五尺。其河身淤墊處所，引河溝正經開段挑挖，因十六日

大雨竟日，兵夫不能上工，是以改至十九日合龍，即於是日卯時掛

纜，隨量金門口水深一丈二三尺，而當時溜勢湍急，異常難填，十分吃

重。。不惜重費，購料賞犒，嚴飭兵夫等併力擁堵，無如伏水性過剛，

封袖擊淘湧，勢多挑山，金門口隨廂隨墊，填前隨合，旋合旋高，千餘人之

買土料較加三倍之久甫經追壓到底衝刷得手而翻為大溜急促埽聲而出夾

壩及背後大土堤倚被衝動當即督率飭員弁上緊加廂壓土以資及時堵閉

詎料水過驟漲勢力愈猛以致堤身陡墊危險萬分。。 當與徐守察

看情形替辦與水爭功若再強為堵合誠恐傷及堤身前功盡棄且

無論先行保全大堤若亟不即已將金門口積料拔去俾河流得有去路較可

敗壞成功可惜而往閱莫挽實已力竭計窮惟有俟秋汛水弱再引河加

挖寬深得有建瓴之勢方可合龍現在大堤引河均仍如故當即分派員

弁嚴密防守以免虛靡經費惟南岸所挖引河本形淺窄僅經間段

挑挖若附近迫未能十分深通秋後必須另行加寬展深俾得暢順無滯

所有此次下況大堤俟至秋後合龍緣由理合附奏

寄太保仲米齋查核 訶示祇遵 因此具字敬請 福安伏候垂鑒

六月廿六日發

知加華

敬再密者此次祥符漫口工程时值伏汛期内未尝不云可涉冒险本无把握適
值水势未见大长口门刷宽仅三十余丈忽觉有机可乘谋之工员会钧人
定胜天功在踊跃从事遂于旬日内岸水自与工起坚大慎起书谁可贵
余力情形稍惜满昨指日成功不料金门●收至文余于排保合龙之际讵门
口刷深一丈三四尺于余人跑买土料搬运庄随刷随垫翻成大溜冲绝莫缓竟
难与水争协议者谓引河过于浅窄水气三三络不畅第历届大工堵筑时
皆待至将近闭气始行启放引头此次圆由引河未经建领了挡而大溜直
注金门未能堵合即使启放引河亦难夺其路道东趋是伏水过动土料难与
相敌之明证也人事人力终无误可如何而天意难回竟不获侥倖成功追由殊深
渐忸群员　中堂宽然之恩殷殷奇之切味惶愧恩实屡在他日究计此次需付
加工价费库银七千两薪食一逼拨信二千两共银九千两均由陈筹款支发实在
用过若干应俟结算核结此为以上状情形上风船等长卫游防不识何宽备

備兩所用之銀，皆於庫中挪借夏季津貼雜支及所餘儲備帑料之款，雖已用十
河堪虞，所不致虛糜，而目前待發之需已無所出。○且約需若干以支持，情急呼籲
惶有仰求。中丞備念汛期正長，待需孔亟，與恩施格外，曲賜飭令，不勝冒昧叩禱
之至。專此奉懇，敬請勛安，伏乞垂鑒。　同自叢

司道

○○○○大人閣下：日前呈函寸牋，備述棄河搶辦各情，度已早邀雲鑒。日
来茲辦要工，本擬择吉于十八日合龍，因十七夜雨，是日雨大，未能工作，是以改至
十九日。桂覽堵合金門僅留四丈，孫溜勢湍急，兩堵嚶豈搶辦之時，乃
忽有覺兩邊下石料，伏水過于剛動，隨廂隨墊，千餘人晝夜擁料
撥土追壓，而翻氣大溜沖刷，莫能禦，竟致與水爭功。因與李質
夫守並願閱工程，各廳員察看情勢，再四籌商，祇有暫行緩堵
秋汛弱再行築辦。湘查歷屆大工，皆於秋汛後興築，始因伏汛水性

逼刚狠与相争不得不从权办此次冒险救药本为背城借一
之图与其以千性命顺其汝之指日告成无如天意难回更不能援作
成可狂澜莫阻实属力竭计穷惶愧殊深其均尤甚谨将之呈
中堂加察録生　鈞電勅行　紧人捏要謁时俯赐燭惊陈尤
你鼓積手函布陈敬请　勋安

同日发

字鉴
府尹

夫单

亟安者密。。前肃寸字谨邀核办北岸下汛漫口情形当日已
鈞鉴计自本月初六日起昼夜赶办两坝进占估做夫土坝挑築北坝後
土厢做边埽加压顶土至十六日共进大小二十四占估備留金门口四丈又
不料于十九日卯刻掀缆合龙测量壩前水深一丈二三尺不等溜
势汹急两坝咬重。。正惜重兴撒子跳罢抢办之时已久南依追压到
底两大溜抽掣淘汤金门口连厢随垫坝身合拾仝高当饬昇紧加厢以大坝

些早西閉氣詎料伏水性過剛勁適逢驟漲勢力更猛以致堤身陡蟄危險萬分。。與頗曾工程各廳員察看情形勢難與此爭功歸罔要而祇有將西堤堵住秋汛水弱再行與水潮查歷屆大工無不俟至秋後興工屆因伏水性剛難與相敵已有不得復辦理詢之老年河兵皆云祇有乾隆初年北岸復隄

來 前即時堵築於伏汛頭內堵至此次將合龍計費帑金二十餘萬此的係未水過於原其故不特因詎頗難篤實屬冒險……此次冒險……尚堂試此固係水勢見識所傳實之千餘丈仍覺有機可乘必要及時堵合補救各村立即清圍出示補種晚秋似猶可望 連屢下停民圍。。上可藉資若能遂乎今日內本無異情事形頗可滿意特日前成不免狂瀾莫挽竟有損坏作何辦理由日下稟陳係有 大人鑒之切懇

恨華施恆此具字奉復 福安

六月廿五日發

復首府恩 芸峰

芸翁仁仲大人閣下 昨蒙 賜緘備荷 注存並承 關愛逾恆殷殷垂問迴

環三後貳萬兩千兩敬請　景福延釐　藎勤著績，良深頌私。兄
查河兩岸新汛，逐往將兩月以來搶護工程與築情形縷陳
擇要。本月十九日合龍，不料伏汛適乎剛勁，隨漲隨塌，千餘
人疏買土料搶險並進，歷兩晝夜，直注金門，沛然莫禦，實不
能與水爭功。經調新授安康力竭誠，窮悍惕殊深，其前花
甚至漫口以下與舊減河相距不遠，被水村莊亦多，知同
弟屢謹以附復，再後鳴謝，敬請　勛安

肯廿六叢

藩台靈

平翁年兄方伯大人閣下：日前晉函備述豈河情形，由驛遞呈，諒邀
鑒察。辰維
勛祺介福，泰和曲綏，定如頌私。此次搶險漫口，原來係定中樓
閒虞各指款，所有動用經費均於本年庫存工料防險銀
兩內墊發，原冀津貼撥支之項，藉為挪移。現已籌撥一萬，屢屢如數

謦以暇公私交迫實有不暇兼顧之勢查本年應領春季養廉
銀兩前經隨同咨領上年冬季兵餉派弁請支領迄今未能移發餘將
再備文領回夏季養廉銀咨派委員補解應陸。。一併賚以
鈞閱務祈
閣垂念格即將春夏二季廉銀
俯賜核發飭交委員賫回以濟眉急雖涓滴之水不足以救車
薪而 嘗甘之際涸鮒並藉蘇醒感受
大君子之賜頃奉上年既未一本款未移請 暨安統維 亮照不備 六月廿六日申 咨文未寄送

又

午橋尊兄方伯大人閣下昨奉
還雲備稔 委蒞閩令 閣垂念殷迴環展誦佩謝我干戈擾攘青雲承寵而應
領弟陸同治八年閏擬修備防運腳等項前奉 頒及撥相機何試改新章
除撥陸大工項下應用外以一萬九千七百八十六兩兩部飭道帶收領銀至

364

貼道廳洪公費等款，并營抄單札飭分作春秋兩季給發等因。業
年奏夏二季津貼款兩已於部撥款內撥歸道庫，以備支發。嗣因撥
歸北洋之款未能照收，以致夏季津貼挪墊無存。茲值秋汛相交，現屆
秋初，通工待支孔亟，道庫一空如洗。因特備具文領，派委薛維翰赴
崇○○貴署，求萊請領前項款兩，務祈 俯念需用甚殷，迅將
本年秋冬二季津貼公費如數撥發該委員，是賴解回，以
便分別發給，何荷 感念頂戴靡既。耑肅道切，企跂 治音。敬
請 台安，統維 愛照，不備。 七月初四日弟[illegible]頓首

薛補道遵將

某翁仁仲大人閣下：日前驂從公旋，未諳握送，車塵拂夜，悵惘奚如。
正馳系間，接奉 賜書，并數種一一檢悉，備荷 關垂。適接委旅代陳武新生
中丸了可愉取 示津貼款兩己由西求
蒙相欽因撥發暫印備文派員領解，尤佩銘感。前道前札津

照認兩分作春秋兩季給發備具秋冬二季領據札委篆
外逕赴省請領務祈 於會晤 方伯時代為婉陳並將此間公局
萬分為難情形備細詳述懇予迅賜飭發以解倒懸需款孔
亟又敝邑圍埝[illegible]口現仍照向年常例籌費甚多欵無從措
已諗刻委員如果二三十金即可無餘多則萬不敷應付查
德附閱無是所至積要地塽大工更是難於料理 於衙參
時花樣示知兵餉已於日內撥發北路下汛堤工現已竣
往裏另三節畢口二工補完并分派委員嚴密防守河
堤日來水勢只有長落尚不至于漫溢上游各汛堤埽
平穩足以紓懷 並屬王丞代一節。本年他處因大
工省撥經費核辦另工料無暇察現已飭房趕辦冊結另日
呈可中秋可議 故[illegible]
因[illegible]

泉公日悕

根翁仁兄大人閣下啟者 還雲備承 雅注并荷 關愛代達崇宸聽寔佩
銘感。此次接辦之工多敗垂成之後，至不易處。查自督防工員暨
兵裹照並派委員并嚴密防守，日來水勢小有長落，尚不至
于驚溜。上游各汛堤埽平穩，是所 薰慮。至秋冬二季津貼銀
兩現已備文派員赴省請領。前因接辦要工，已將庫存夏季津
貼挪墊應存，現届秋初，通工待支孔亟，務祈 隨時關照撥給，曷勝
企盼。附代述下忱，請即迅賜飭撥，以解倒懸之厄。無任感禱之至。同上
順請 道安

荃翁仁兄大人閣下啟者
惠書示前寸箋已遞
書及並示

寔意最好下添入、倘能重订一个规划并此办理似符成全
造福无量。再此次工程需用经费如何筹款之处务祈 核定
谒 但相时代揆之者伊须有所遵循庶任其横之也

閣

愛逾恆已將東臨一切情勢孔殷情形據 方伯附代為稟

達崇（新）侯宇陳 候相約黃河季底日即可領出善園衙署

雲天接手昌勝錄哉函交安與冊信現已照會飭庫趕發

俯准于月內申摺信稿先行附呈

台覽承 示南七引河仍宜改歸北七故道一節具徵

鴻籌碩畫思遠慮周實深欽佩上年勘估引河惜 查有河屢

陳鄧見諸無此估如將附不果于川自僅費用過距以致半心

荊任籌款尤難之際深恐無重煩東盡致干駁缺照何由而

又舊河路道于下川原原冒險獨心念實逼處此出于無奈

河無已其有自為估以備一籌究未知果竟何如近因節屆處暑

長水兩次共十來十分堅收水勢現已消落上游各汛亦俱穩

平穩 呈收據

義庭六叔函復

敬啓者 接准 月之十七日 回咨 領 將 和上年冬季應 此數移前 領 尚有 七月二十日

貴任 存支 裁日茶 本 處三十九日該庫平銀四十兩七錢六分零

該 [illegible] 數 [illegible] 另備公牍 咨 到 請 [illegible] 送 [illegible]

查收見復 為荷

春本此次來三樞風沐雨備著勤勞 ○ 迢 以 [illegible] 子 [illegible] 遠 地主

之 [illegible] 殊 [illegible] 因人便 [illegible] 物四種 [illegible] 以表之 [illegible] 冒昧

[illegible] 律 函 [illegible] 覚 納 為 [illegible] 戴 [illegible] 七月廿日 早書

又

[illegible] 仲大人閣下 月之廿日 [illegible] 函 [illegible] 代 信 [illegible] 送 [illegible] 計已

早邀 [illegible] 又 [illegible] 惠 [illegible] 閣 垂 代 領 [illegible]

即可批發何可之悟　藩垣以歲撥備河經費撥歸并
借大工動用之四萬兩尚短紅補四百餘兩實係誤於委承
定河所領款項並無溢領前已列款撥明開單咨致
方伯處特將清單錄奉　台覽敬祈　核示　方伯
速賜補發以清欽款而免牽混是所至禱　貴任處
奏冊信用行結齊現已飭房趕緊核對即日申費計
月初總可到院此件實因款項過多造報集冊須
二十餘本清結核對均需時日耽擱之故尚希原宥之
尚希　諒之　即此布達　敬請　勛安　廿七日

○金宁中丞

敬启者：窃○○○ 前於六月间会同委员候补府徐守○○候筑北
四乡门大堤工程，代为估计，请拨道库津贴，计银五千六
百十四两三钱九分六厘，仍为垫费，另镇工等款三百三千六两外
八钱三厘，共计拨垫银五千九百五十两零七分九厘又。○○素垫
田出民武平两均已先后案结 建鉴。兹委员徐守随时县
学将实用民数分晰开单呈报各在案。伏查此项工程因在大
汛期内，赶堵水势，过猛冲塌，是以未尽合式，而已做之工尚须坚
实，并未尽废，前项用费只此数。○○囊旧入秋后与大工并计到
册。兹据实核拨，俾得分别归还。垫款前呈数，估堵合龙大堤工程及
桃挖中洪下口估册，共请实拨费银八万两，业经於六月间做送

工程用過銀數摺稿（統計在內） 東台分別核減銀九千兩共淨實銀七萬
一千兩核作奏奉 諭旨允准行知遵照在案 ○○東台大 自九
月初動工至十一月十二日合龍所有先後所領部撥及借貸及 東台
在閩安撥近借貸銀共計六萬五千兩統核原領之數尚應
找貸銀六千兩應作之旧補夏間借用津貼一款適符原數○○
等因奉 飭核以庫藏支絀業據經新所有夏間挪墊之款
飭即另行設法籌補等因○○東○閩接收○○監督 移交案內尚有
庫存實銀三千九百餘兩似可作抵亡不敷之數等策
恩澤除貸款經公同細核移交案內據書有實銀三千九百餘兩內除秋
冬兩季津貼除已發過外計共存銀一千九百三十八兩四錢六分九厘亡
查即係本年應發之款一經作抵本款仍致虛懸又各省存項下之
春夏季已提未解經費銀一百八十四兩九錢六分春夏兩季已提未解之

户工两部收和领银九千の两七钱六分又夏季防险器具内已提米若干一百千
每两六钱六分均有应发各年款又各官任移交存之共计壹万七十六
两累不誉六厘九毛六丝四忽一微不在均有指款生息中当有铜钱
壹千六百小指数移存须入交代核算亦难作抵。○其续缮每の祇有本
年本段移交作算　其台自将买发赎料之两内除追交备料核除
支发外尚存银一百八十七两五钱三分七厘の毛二丝又防险储备之
二千两除支发外尚存只九百十四两共实存银一千一百〇五两
五钱三分七厘の毛二丝计共二宗均为本年团存之款仍之作抵
尚無此项彼此之处。其续佃买为主见相同并有拨堵北の
下账工程借垫律贴下款拨续即以前项存下一千一百〇五两五
钱三分七厘の毛二丝仅数划抵外又不敷银の千八百の十五两六
钱の分一厘五毛八丝惟有仰恳

中堂逐核減並節省已做工程並無糜費所用工數均係實支仍准如數

飭嵩新任承宗何秀蒼於收入扣補津貼款內俾資支放通工各員均

得平沐　莫施實爲　國公兩便　是否有當　伏乞

批示祇遵　再由此呈　宇

第六核北四下汛搶險工程借用過津貼款如查明除作抵外並

照如數飭嵩扣抵留

同治八年九月十月 蒋任稿

自十月起至同治九年七月止

李任稿

禀信稿

奏堵築北四下汛漫口勘估銀數並請旨具奏由

紅白摺

吳督奏

敬稟者竊〇〇前將北四下汛漫口勘估大概情形呈明

奏鑒在案隨即飭令承估之廳委各員將應修河堤各工核實細估恭候

造冊呈報共估需銀二萬 千兩有奇〇〇詳加複核所項均係應辦之工刻

當庫款支絀之際籌款維艱自應於撙節省益求省復令為估

各員分別再行撙節於二千之中刪減之中力求刪減共估需實銀二萬二

千兩〇〇復與各廳員再四籌商委係實需之數萬難再減即飭另造

清冊呈送前來理合會稟請

憲台 俯予賞發需項俾其

奏案為公便現在節近寒露必須及時興築已於九月初十日辰時

祭填動土趕辦河堤各工即日派募興舉合將起工日期因此具稟恭請

福安

吳 紅白稿

奏疏濬中泓及另案工程估計銀數並請設具 奏由

致宜着實。。奏查永定河夙稱無定，渾流迅湧，善徙易淤，最為

難治，溯自嘉慶十七年以前，每年於歲搶修外，撥另案工

工及疏濬河道之銀數甚多，迨至道光年間，亦復間一二年

奏加另案工程銀三四萬兩不等，自道光二十二年以後，因庫款

支絀，暫行停止，全河受病，歷有年所，嗣於咸豐六年經前任督

道奏請疏濬中泓及口門另案工程，又以限於經費，未能普律施工，

僅請實銀一萬七千餘兩，迄今十有餘年，雖每年尚有例款，

而自咸豐三年以後，定章發款減半，又係以實鈔半錢，

需用不充，諸段積淤，以致潰泛日久，河身節節淤墊愈甚，

時補救，若不疏導以順水勢，而工需甚鉅，計無所出，屢經

另案無理。。飭永定河道於勘估引河時督率廳營各委員周歷履勘

當飭承估各員核實估計，繕摺造冊呈報。所有臨濬中段底寬下口共估需
實銀　萬　千兩有奇。○○詳加復核，均係應辦之工，而需費實繁款鉅，
亟除尤為務求撙節，復令原估各員悉心計議，擇其必不可緩者分別
詳核。復據該員等另具清冊，寔係自北以起至張家坡工
段，係長形灣曲，必須裁灣取直，挑挖出一道中段河流，方能順軌，計
估需銀　　兩。下口應另挖新河，六郎坑塘太深，河流過寬，恐難暢
達，必須另築截堤，大堤加幫圍之，出坑塘後於前第五村東南隅另立河頭，
添挖引河七百丈，接至袁家莊，挑挖引河，形勢方順，就王家屯寨屋室
以為河身，淺窄均須加深展寬，統計下口河堤各工估需銀
二共估需銀　萬　千兩有奇。○逐細推求，又復減去銀　兩，
需實銀五萬八千兩，實係減之又減，以期委曲遷就，撫詳照飭，節省虛費之
禆益工程，而思維惟有仰求
中堂俯念河工緊要

奏請另案辦理俾水勢流行暢達不致有壅滯之虞實屬兩以便為此

具奏等語

福安伏候 並答

又 紅白摺 奏請札飭天津武清二縣嚴禁鄉民下口私築土埝由

敬稟者竊○○奏查鄉民下口村民往往私築土埝插箔捕魚構蓋浮棚最足阻礙河流久干例禁前於道光二十八年經前任陳道詳改章程自二月初一日起至十月底止由道另派弁兵駐劄下口適中之地常川巡查經蒙

前督憲訥批准歷年遵辦在案現在北運河下口與辦大工不日合龍所有私設浮橋等弊尤關緊要自應嚴行查禁以暢河流○奏請

中堂尊前准札飭天津武清二縣并飭天津道札飭天津縣會同親履河干嚴查下口一帶如有違禁築埝及搭棚插箔等弊即押令拆毀嚴禁不准仍前故犯趕緊辦理合行稟請俾小民有所儆畏寔

○○○○虔請

勛安伏候示遵謹具稟

又 夹单

敬禀者窃。。卑职於十一日午刻驰回工次当将驻工日期呈报

宪鉴在案连日与前任傑道在工会同商妥办督率文武员弁购买料物稭蔴

调兵夫分别办理。。 卑职於十七日亲赴南七一带查勘下游河堤各

工十九日折回上游查看桃挖中洪河段均已标钉滩槽兴挑各工员呈

报分数已有三分北下之大堤逐日进占已进 卑职现仍严饬认真

赶办不准稍有草率偷减。。 仰慰

鸿廑 消埃未报惟有实心实力矢慎矢勤尤当破除情面力挽积习工

程务归坚实俾帑不致虚糜以期仰副

中堂矜念民依慎重河防至意除将南堤进占及桃挖河段分数另文详报

外肃此具禀

又

敬禀者窃照永定河北四下汛堵筑工程首将大堤进占及疏浚中洪下口

河段分數单款
建築在案。職道自九月十九日查工回堤後，逐日督視在工各員弁出力趕辦，復
於二十八日起趕赴下游周歷查看。查自南七堤工段至扈灘夯築極為堅實，
新埽口樁密樁逐層均臻穩固。下游河段挑挖已七八分不等，仍飭各工
員趕緊辦理。即於三十日折回北四下汛。所有大堤土埽各工程及疏濬中溜
道均已辦有七八成，並無絲毫草率。職諭誠懇與飭，計所堤各工約于十月之
初十日以前可竣，一律報竣，擬請擇吉于　　日　時合龍，理合循照歷屆
大工向章呈册單請
憲駕親臨驗收
指授機宜，俾資遵循有自，不勝翹盼禱之至，肅此具單

又

紅白單　　謹擬北四下汛已歸大堤合龍及啓放引河通順由
敬稟者。竊職道督辦北四下汛漫口工程並疏濬中洪下口各河段均經遵
守崇　稟築在案，茲自興工之日起，移駐北四下汛堤次，會同前任徐道。

候補府徐守○○南路同知蕭○○西路同知鄭○○署保定府同知陳○○管理北岸○○大堤右營同知王○○承修南岸截水大堤署南岸同知朱○○三角淀通判宋○等督率營委各員暨弁兵民夫趕緊廂埝北岸接做迎埽層料層土密簽長樁追壓厚土夯硪堅實并添做後戧夫土堤堅築土壩簽水盤金門口僅剩五丈餘南北大堤亦經幫堤添堤各員實力趕辦中洪下口引河委員等按段挑挖均于十月初十日前一律報竣試放溜水頗為通暢又量金門口水深一丈三四尺不等即于十二日卯刻掛纜合龍水勢湍急異常兩堤十分吃重當即親督員弁兵夫等趕買土料搶廂埽土籬鑲追壓到底而金門之下尚有滲漏之處一晝夜之力省于十三日巳刻全行閉氣堵前之功計高二尺餘一面啟放引河導溜東趨勢甚建瓴順流而下當派弁兵跟蹤查水探報于十五日辰刻直達鳳河尾閭竟無阻滯放河以後水通報長二尺餘河流

愈形暢順此皆仰賴 中宸臨工指示 河神默佑全河復歸故道○○附年
三汛搶護競搶險仍督飭工員趕辦善後各工稽查添估北三南六兩汛
裁灣取直以及北下の從加土埽各工動用經費無大工用過款項一面會同
徐道分別撙節覈實詳報外所有北下汛五號大堤合龍及疏浚引河
通緣由理合恭摺 ○○○○○○查核具 奏再此次在工文武員弁
或經理埽務或承挑河段或督辦土埽等工均能奮勉從公任勞任怨
可否擇尤保獎之處出自 鴻施 一日七

○又加單

敬再啟者查歷屆大工告竣被議之員效力果能實力辦工例得于合龍
後請予開復原參處分茲查布政司銜前任永定河道徐○○於本年五
月二十日因北四下汛告竣奏參革職留任此次與辦大工所有一切河埽
事宜均與○○會同辦理倍著勤勞又經舉辦兩北岸固工缺補通

判王〇〇主簿周毓龍等九員在北岸下汛搶險要工〇均以此次漫口跡防奏
參革暫留工効力該二員在工當差咸知愧奮且不辭勞苦可否仰乞
主恩俯准 奏請開復原參處分出自
鴻慈逾格不勝叩禱之至

此案批駁

又奏為

敬陳者竊〇〇上年三月間蒙 前督憲 委署永定河道於陰字大汛
時值伏汛河水陡漲溜勢奔騰北三工之九號十三號南四工之四號
時搶險護堤勢極危險之際〇〇虔誠叩禱
河神將軍默佑並許於汛後安瀾 大汛 奏加封號分建廟宇以答 神庥
旋即仰叩 神助北三險工之處有大柳一株倒向河流根株衝入大溜之
間順勢而下南四各險工亦即頓獲平穩化險為夷遂經題請
當經蒙恩 前督憲 奏請 勅加封號並 頒匾額未及入
告此次大工合龍溜勢湧直下時為閉氣〇〇虔禱 神前復蒙顯應果遂

福依未及时许大堤及叠次冲刷断流引河亦均畅顺此皆 神灵显赫保
佑是以厥成功伏查 河神自金大定十九年册封安平侯元至元十六年进封
显应洪济公本朝乾隆十六年
高宗纯皇帝加封永定河神为安流惠济之神 嘉庆 赐匾额樯杠 将军庙建
自嘉庆六年均载入永定河志实以捍灾御患久协崇封之典兹宣 褒
锡之加灵显等字昭平成永庆相应吁请
中堂察核情具 奏以答 灵贶而保安澜所有请加 河神封号并请 赐匾额
出年
缘由未并具禀

以上均蒋任稿

以下均李任稿

十月廿六日

敬肅者竊。。十月初十日接奉 憲札飭赴永定河道新任並於十月二十六日到抵固安會晤署任蔣道及各廳汛等詳詢通工情形並現辦北下四號七埧埽工程據稱北下四號七埧工險疏濬中泓下口河道均經辦完候

憲駕親臨驗收現值冬令水弱已將上游各工逐一履勘所有大工並修工程及北下四大埧添辦土埽各工俱經蔣道督催趕辦於二十五日拜

告竣。。即於二十六日子刻接印務交代係按照舊章即當飭赴北下四南七兩汛查看新工並上下游南北兩岸周歷履勘逐一細詳察形勢尚屬平穩 業鑒至蔣署道任內接收前任徐道交代新舊收發各款應俟逐款核明造具清冊另行呈報。。在省守謁時仰瞻

鈞誨指授機宜謹當矢慎矢勤力求整頓以副

中堂倚界慎重河防至意先此肅禀

呈督憲 加单

又夾單

十一月初二日

敬再者，竊○○來查永定河歲搶修工需向於本年十月間詳請給咨委員
赴部請領，即由部庫撥發，分別轉發各汛購辦料物儲工，以備次年
三汛修防之用。自糧撥歸藩司由司給發，漸致不復至春季，嗣因庫款支
絀，往往至夏秋之交方能領撥，而本工之應辦歲搶料仍須年內
採辦，先於冬季由道庫籌發成料價，飭令各汛先行購買儲工。
歷年如辦理在案。今年東路新庫存無多，現計秋季津貼公費尚
屬不敷支放，冬季全季為大工挪用，尚未還庫，辦公無款，而當新料登場之際
及時收買，料多價廉，若遲至來春，則料少居奇，採辦為難。所有
本年之歲搶修，前經預估具詳，部准，出需附日係迫，促不容遲，
有悮要工，惟有仰求
憲恩，俯念河工緊要，先於本年歲搶修項下借籌撥銀二萬兩一併，俟咨
收款撥還，以清庫款而崇。俯允所請，由小委員請領，俾得預

慎預料儲工段所有備防要需，不勝以積土為要。現于初六日起
親臨南北兩岸周歷查勘工程，容俟查明條款再肅布此

藩台

十一月初七日

敬啓者，查本年秋冬二季津貼公費，前經徐任委員請領，業已
承 移覆無收，惟內有告知銀四百二十兩，並不二分以充當經，徐任
將本年撥款分晰開歷清摺咨明核，如係由備具文領，派委
候補主簿張紹祖賷呈
鈞閱，未蒙 批發。茲屆冬令，在工各員需此若渴，希 肯俟接任
即行核發津貼公費，待需孔殷，因特再備文領，仍委該員赴
叩 求 票發務。 查各工員之若何待需次誤，如沐照發，
如數撥發，即交該委員齎回，以濟要需，是所至禱。專此

呂賢督建 夫草

十一月十二日

敬禀者窃。。前于禀呈请将接印任事日期案内

宪鉴，并于月之初旬起程查勘各汛，由南岸绕至北岸沿堤而下，

由北岸渡河赴南岸溯查至南四汛，周历履勘通工情形，并查看

北下四、南七两汛埽工。查得两岸险工以南岸一厅所属为最多，下

六协有险工两三处，现值冬令水涸，所有各工埽段均臻平稳。按堤

埝中洪年久失修，半属低垫不一，而是年岁修经费未能撙节

兴修，加高培厚以资捍卫。至北下四、南七两汛埽工，亦经饬添抛砖石，厢埽以

均经分饬该管厅汛，并专派弁兵严密防守，不准稍有疏懈。

并尚有应加碱工及应加厢埽段，饬令俟凌汛解冻后再行兴筑。。

自顾驽材，恭膺重寄，兢惕时深，惟有随事随时相机修守，力求稳

妥，以冀仰副

宪太保中堂慎重河防至意。至南七汛王庙以下下口刷挑淤

晋厅汛会称天寒地冻，坚冰难逾，未能收勘，容俟来

委親歷查明，再行分撥，於事允協。查勘過工程所並北下四

南七兩處堤工僅由兩縣可以籌辦　籌安

十一月十六日

復羲補翁道尊

羲翁仁兄大人閣下：日前紛紛話別，倏又旬餘，仰維　光祺殷迪，福正和系。

閒接奉　惠函，備承　垂注，並蒙　以此間待詢情形於　舜相前委

婉為依當説遂，備見其微　閣愛逾恆，尤深感戴。勘本府即日備文委

員請領，惟前事尚未奉批，不知准撥若干，不能不靜候批示，然亦

至津縣一帶，徐惺翁已於十一日晉省，日內想已衙參，未知已及當問

領多少數，發還許以為念。查勘工程於月初即將啟行，由南岸上游

至北岸沿堤而下，復由北七渡河至南七，順流而七周歷通工，約于十一日回署

北下四南七兩處堤工■擬稍為圍埽段，亦均幫高，已飭該管廳汛及委派

弁兵嚴密防守，惟南七就王廳以下因時值嚴寒，堅冰載道，未就履勘，

須俟明歲春融，以再親視查也。函復

十一月十九日

○字督速奏事

敬奏者竊。於本月十七日接奉　朱批以用人行政二者諄諄告誡並以現值秦川歲歉歲

又案一千餘兩作一半修堤廂埽一半疏濬中洪下口飭即於冬勘妥修另行奏

請欽二案兩已批准速發等因仰蒙　訓示周詳無微不至具施逾格

感切下忱。查永定河向辦歲料二百十八垛防料一百一十垛以工程之平險於儲

料之多寡分派各汛堆儲工次歷年循辦在案現擬仍照前額分別平險之工

均派分儲所有採買秸料責成五廳選派本汛首員承辦並飭經理收

務令堅實寬整堆足丈尺不准架井空虛以歸實用至各汛堤埝應行撐之

處無多者正復不少現飭五廳分別最要次要勘估至中洪下口應行

疏濬之工循詢廳汛均稱時值嚴寒河堅冰未能履勘容俟開歲冰

融時勘明容辦所有永定河應行拋辦及堤工最要之處容俟次第具摺

恭呈　御覽。○仰蒙　委任永定時深詳當竭心力督率廳汛破除積習認

真整頓以冀上副

主上採中書所訓諭至意再向日奉到

寔札以永定河歲搶修等銀加撥銀二萬三千兩已奉
部准在長蘆運庫借發

即照行等因。。茲即備具文領派委候補直隸州蔡○○赴津請領，合并

陳明，可也。此

長蘆運司恆

雲舫仁兄都轉大人閣下，月之十七日接奉

督憲行知，以準

部咨，所請永定河歲搶修等銀加撥二萬三千兩，在長蘆運庫借發，即照

辦理等因。現值料料登場之時，亟須採買稭料，預儲工次，以

備來歲修防之用，待餉孔殷。茲特備具文領，派委候補直隸州蔡○○，專

程赴轅，迅賜查照部咨，將永定河歲搶修等銀二萬三千兩如數

發交委員領回，以濟要需，是所殷禱。除另備文領外，合函（…）

十一月十九日

督憲 東平

敬稟者，竊查永定河應行下口，向有舊河，無沙，以故同（…）日久，致生淤墊，（…）

於（…）應（…）以致（…）頭，另飭（…）並（…）下口，勢須展挖，○○前往查勘，逼近河（…）田，訪察究從下口（…）

提（…）為此，責令生等請求，務應興利除弊，俾河務得有（…）籌機，詳收現在（…）

十一月二十日

章程拟议十二条缮具清折恭呈 御览伏乞 钧裁是否有当伏祈
批示祇遵再此 附片清折一扣
谨将拟议永定河应行办理章程开列清折恭呈 御览伏祈
钧裁批示遵行

一沿河册外征解河淤地租及另收租银原为河道办公之资近年各册外批解不及一分积欠甚多任催罔应以致办公掣肘应请定限解至八分以上为率如不及八分者归永定河道查核揭参并提承办书役究追

一每年征收淤租苇租滩租系收租等及应派汛兵土凡有涉于永定河者应令汛官会同地方官催办

一椿埽时购买料物雇觅人夫附近居民往往居奇勒措致多糜费应令本汛会同地方官酌中定议不准居民任意索价亦不准汛员抑勒苛派

一购办秫料以历年派办岁防料垛数目酌量增减以二程之平险定储料之多少责成五厅遴派各汛首役承办按道亲往验收改交该汛员经管除本汛抢险迫不及待外平常动用时须呈明厅道不准擅自拆用以便补提以杜弊混

一应埽每多糟朽不足以资防护嗣后必须将之彻底新做应于今冬办料时先饬各厅汛查明预储备用

一搜捕猴鼠向于春間通飭办理，但日久視為具文，有名無實，應飭認真搜捕，并派營員及本汛隨時巡查。該兵等如有懈怠，着並予嚴懲。其捕獲最多者，須令指明工段，查驗確實，獲猴一只，賞給京小二千文，獲地羊一只，賞給京錢二百文，仍令將猴洞鼠穴填補堅實。

一栽柳往往折枝揷種，不能成活，應飭各汛嚴諭：嗣後責令各鋪兵認真栽種，如成活不及半，即將該鋪兵責懲，汛員記過，仍令補種足數。

一大堤內外十丈栽種柳枝，原為護堤起見，惟大汛搶險挂柳，方准砍伐取用，平時不准擅自偷伐作為別用，應通飭嚴禁。

一外委兵目積久疲玩，應飭營員嚴行整頓，兵餉請飭按季發領，以示體恤。

一兩岸險工各汛梯硪必須置備，查雲梯之價甚昂，原設器具無多，計需三千兩，實不足用，如需置辦梯硪，須另行籌款，請於雜支項下籌撥。

一雜支款項甚多，如每屆秋汛酬神演戲，防汛人役飯食，隨員工程辦工搶險酬賞，項目繁多，撥補賞項，添置梯硪，委員赴京省領銀，投文往來車價，守候門費等均須另籌，公費撥補於疏濬節省項下撥支，以昭核實，據查

一汛員津貼公費，有應量為加增者，兩岸南四兩通工首領汛員，支應繁鉅，應請每年酌加銀二百兩；南上工程最困瘠，應請酌加銀一百兩；南二北六兩汛有險工，應請各酌加銀五十兩，共請酌加銀四百兩。

十一月廿二日

稟補遺摺

蓉翁仁兄大人閣下：日前由津復寄一函，度已早邀 雲察，不佺。履祺萃吉，長福咸

俟仰邀 吉暉，實殷祚祝。查工回思民即將永定河歲修工宜均撫

十二條，僅此。 蒙相批示，業經所有應辦各工已飭上游分別最要、次

要、又次要，勘估工中派委員分段承辦，茲據險工堤河壁涤未能應

勘核辦理，於接奉日即行撥發前項工程經費條款，與已蒙批准，當

即委員赴津請領在案。惟屋前項所收款項，除收原撥中洪口引

河部領現已收高景轉 台覽外，中小有不符處及者祈

查核是幸

十一月廿二日

呈堂

敬肅者，前奉 東札以永定河加撥善後經費二千兩，業經存長芦

運庫給發，飭即照前案同日即備具文領委員赴津請領，當經備

東鑒在案。茲於十一月二十六日接奉 鈞批，以該款料價銀二萬兩已札飭藩司

照數籌撥，仰即委員赴司請領，所長當再撥銀二萬兩為中洪下口工需

各等因，當以自當遵辦，批示辦理，惟運庫撥款業經委員前往請領，如

饬司库拨动，即可先为购料之用，于藩司筹拨之二万两留为明年疏
浚中洪下口之需，应另备具文领，委员赴司请领，其余二万两请俟
来春　郑守取以请拨作清库款，是否可行，仰乞
训示祗遵。至一切工程，谨当恪遵，严饬督率在工之厅员弁认
真办理，断不敢任其草率，以期上副
宫太保中堂慎重河防之至意。肃此
前永定道孙

十一月廿六日

敬再启者，本月廿五日接奉三厅会详，以本年秋冬二季津贴公费因挪款未付
归还，应垫支领，各厅汛法若无常年经费殷应请转详
督宪大批示饬遵等因。查此项银两向系　大移荐于六月间核准批
示汛堪挪，因道库津贴项下银五千九百五十一两零票借等
督宪所拨料价，除归还款一千一百〇五两零作为抵款之不敷下
四千八百四十两六分一厘两毛八丝六忽全因　此项余款一并如数饬

費歸補前欵未知已否奏准批示以何項可以給發務祈
詳示以為開除將該廳等原呈另文移會以憑查造開除
督憲 專肅 十一月廿八日

敬再者竊○○前將各汛應加培堤埝土工分飭五廳分別最要次要詳
細勘估去後兹據該廳員等將最要次要工段估計土方核實方價
造摺呈報前來查五廳所屬共估最要土工十萬○九千九百九十五
方零核方價銀一萬四千三百八十○兩○次要土工五萬二千五百三十九方○
核方價銀七千○二十九兩○○詳加察核雖均係應辦之工而需費
太鉅現值一時未能籌措兹擬照上年春融時體察擇其
最要中之尤要者擬飭興築以資捍衛飭將五廳勘估所屬各
汛加培堤埝土方方價細數另繕清摺恭呈 憲覽伏祈
核奪 訓示祇遵再查中洪下口因天寒河凍未能往勘容俟來年解
凍後再行估辦合併陳明 再此
附呈北岸五廳原估土方清摺五扣

復蘇補道蔣
養翁仁兄大人閣下：頃奉 賜書，示前函寸箋已邀 荃照，敬悉
勛祺楙介，
景福時綏，性 貴弟保不速和，想達日，珍衛得宜，定已喜占勿藥。
示般跋以承 示請領料續發案，僅早具徹 善畫圖詳
閱，重修舊物，藉可不亡。 撫憲批示，昨已奉到，所當備文
委員赴省守領也。至律貽鄙函所說，學 [illegible]久未知何時為當
各廳汛當此等時，居然 [illegible]付出擇孔殷，殊深盼切。再 [illegible]
下：遠見 [illegible]寄來，當防往尋，遍覓不得，由日太久，已
如黃鶴矣。望 [illegible] 餘詳前函。

十月廿八日

復岩承宗道徐
蒙復者：日前函布寸箋，由驛遞江，至慶已早邀

十一月初八日

雲岑仁弟　賜稿函存　往承叔諗　具稿延陷　服膺

仰屠　吉霜良佳仁忱頒　未攢款待需已旌　霽相前瓶

兩堂陳龍浙銘載特頃接彭使批陞而領款至今未到

年前兩月無多急須購辦新料殊切盼望此仍不大

于挪墊一款前年　大勝備此平是荒流仰照其久未知

何日能撥各廠現也律亂股年内已頃嚐信查前領到秋

冬二季津貼銀兩應歸國攢本息銀四百八兩零據任

民文復備具文領委員赴司截領昨業駁回以司中攢

坵並未短費款項仍須撥趕有行諸乞府於以臂共之

處印行　均奉未知如何耳　此任催料情除欲兩勤

存佃數書朱李文防查侯核行便批候查原卷核明

详复，以副
台嘱。专此布复，敬请
勋安，并颂
年禧，不尽。
十二日

□督尊兄大人：
前以兵饷事，于十二月初九日接奉
钧批，以请拨练料银两，已札藩司筹措之运库之款，留为明年中洪下口之用，不必回领等因。谨当遵奉办理。惟运库之款，现于初十日经长芦运司发交委员解到实银贰万三千一百两，业经发收存库，而司款当即请领，刻当待用孔亟之时，燃眉难料，请即于此款内先行动用，俟明年领到藩司拨款，再行归补。如此一转移间，既不至有误要需，于款项亦无出入，伏乞
垂鉴，俯准通融办理，是所叩祷。除咨长芦运库拨回款数目，另文详报外，合附此。
十二日

又

敬肅者。。於十二月初九日接奉　鈞批，以所陳承宗河彥升等定十二條均准照辦，惟津貼一條，係今春保一試行，尚未入　奏，有無窒礙，仰即詳細呈覆。據李芳園等呈，此者各節，俾辦公無資，量給公費，仰候　生成之法。俾被通工同係裁撤，性因此款係由工程正項下撥出，實計一萬九千餘兩，照涉公需私，若不奏明，深恐為人指摘，無可置辯。道履俱皆在藉端竟據實入　告，措辭殊難得當。又恐部議駁斥，必至根從刪除，則經費更見短少，一用無所支，仍應思經諸多窒礙，是至聯。貝當須妥為計議，查究應否如何定章，乞示，伏乞鈞裁。即示祗遵，肅此

復肅請　道安

十三日

養浩仁兄大人閣下：昨奉　惠函，藉諗　勛祺介福，定符臆頌。承示一切，備悉

閣垂詢。至院所有舊款雜款，蒙 爵相批准飭司撥費，昨方奉到
批示，未及委員請領，而運庫撥款業于初十日經委員解到矣。
收現已咨請先以此款暨豫分新料六月撥之款，留為明年中洪
下口之用，以歸簡捷。至津號一千兩，徐惺翁兩款未符，昨已奉
文移，查當即查照原案詳復，惟其中款項另有抵撥道中丞
案可稽，須由 惺翁自行核復，坦尚需附同呈 前來，必能於帶七款之
王稿宣文案申回國兵飭已 函前收所領係 委員收即字務
虎春案以副 台懷。 三五之函

星中堂夫子

鈞座。前將永定河各工宜守險 要案仰蒙 批准照案在案，發樁
積久因循，必須力加整頓，復與各廳員詳細講求，前議考有未承抵
者，謹再條擬六條，恭備清摺，恭呈 憲鑒，伏乞 鈞裁批示祗遵為
專此再申敬請 福安

十五日

謹將條稱示守汛應行事宜六條繕具清摺恭呈 憲鑒伏乞

鈞裁批示遵行

一汛員須長住工次不准擅離職守當防守三汛時尤應恪守四防二守成

規親督兵夫按儀巡查以昭慎重

一考核汛員之勤惰以定功過如堵築堤埝修積土牛搜捕獾鼠培植柳株皆

河兵分內要務但須本汛之官隨時督辦本廳亦往來查察采訪事之遲速工段整

齊量予記功獎賞若記過

一伏秋大汛沿河各州縣應於沿堤十里內外村莊會同汛員派撥民夫堆積

土防險乃日久弊生鄉地等役往往有包攬折價等弊以致鄉民藉端推

抗違應請嚴飭宛平固安良鄉涿州霸州永清東安武清八廳州縣循照舊章

按里派撥不准短少倘有包攬折價及抗違等弊即從嚴懲辦

一河兵額須足額各汛如有空額立即招募不准虛懸以致力作之人少工不敷

於平時虛支多資糜費

一各汛外委百總頭目等派撥防汛各有工段務須設立號簽註明姓名以憑查

不准虛名換易以昭勤惰其有疎懈輕則提責示懲重則降革治罪

各汛記名外委例應以當差勤奮始終出力者於安瀾後由廳汛保請給賞頂戴擢補

凡實有勞績方准保獎不得徇情濫保以重名器而昭激勸

復前承宣道徐 十六

悍以仲仁兄大人閣下頃奉 賜書敬悉前函示已邀 雲覽月初八日文林叙

月計已早 左右矣 前因補律貼一款業經面求 嘗相當蒙允諾

嗣因有札查飭飭之設又後推延等因奉飭查之札已於初九日奉

到營所飭房檢查原之案奏以備清理才肯聯核收現任軍營

之時各廳汛每年以來成行之須飭此款而庫中所存無多不

再支放本審某某難惟有仰祈 鼎力於樹泰時酌

為懇求 密相迅賜飭發俾得早日撥給清款而庫經費歸
有著是所叩禱再展論 副箋送呈 德鄉詳道 台令
尚乞 鑒原至幸專此

又

敬啟者歲除之夕朱委員〇〇回工接奉 賜函並准撥款夏
間撥津貼銀四千八百兩函當即如數兌收存庫隨
未代其印領恐中備中領理移司以便抽館差因先行飭房
照發填印札 撥歸前領為之如飭來委員應支口費
專候及各開銷已飭開單呈鈐俟專此函覆

同治九年

吳督憲夫子

敬肅者竊。。書收驗工防守凌汛日期呈報憲鑒在案。茲卯於二
月初八日起赴各汛驗收新料並勘估應辦中洪下口等段由南岸
上游繞至北岸沿堤而下周歷履勘查得各汛所堆新料與派辦
應培者高厚體式間有丈尺不甚足及堆垛稍寬者概令補堆如式力
除虛鬆之弊以歸實用至應辦中洪工程自南三北三工起至北岸下
汛南五工止所有裁灣切坎等工均已督同熟習工程之石景山同知王
。。北三工張協之劉鄭。。南四工周典孫之李。。靜署河營都司
李。詳細勘估另繕大概清摺恭呈憲覽核奪如將來
奉飭興辦時察看情形丈尺另有增減及工程有添估另辦事宜
當隨至下口形勢因水淺段內已漲灘由南七號至廟以下僅有一
條旧洋車馬不能行走詢據該管廳汛各員面稱自霍家塘至實

二月十八日發

唐家口計十五里十八丈挑挖引河附該處口寬六七丈深七八尺又自寶家窪至六道口六里六道口至又光六里又光至二光三里二光至魚塹口八里共二十四里河面寬者約六七丈窄者僅三四丈十年未曾疏通現在該處水勢由槽漫溢河身是否高仰淤墊難以查丈擬自寶家以下七年所挖之河如有淤阻之處亦即疏濬之寶家窪以下河面窄者兩面各開寬一丈淺者濬之使深一俟凌汛安瀾水歸槽時即覓小舟親往疏勘作办是否有當仰乞 訓示祇遵 再叩

仁白等

奉批該現盡開由核覆辦理

三月十四日發

呈督憲

敬稟者竊□□於二月初一日詳明雇工防守凌汛並派委文武員弁分往各工督同各員衛名汛弁附具副稟報呈核

憲鑒各在案旋因天時和暖冰雪融化河冰漸次拆開長自一丈一二丈不等之冰塊由上而下水勢洶湧幾與往年大汛無異○○親督各工往來查看南岸之南七南八南下南二南三南四南五南六南七南八北岸之北七北八北五北四北三北六北二各段溜勢直冲埽頭或溜勢□注各工

堤段係與塹堵平工字號二圍陷埽安並刷塌攔坎情形均同案
西面南五南下南三南四北三北五之等汛奇險迭出而保護。。
隨時督率文武員弁動用備工料物趕緊搶辦並添捲擱由一律
保護平穩現已節逾清明桃汛各汛既已報稱二月　日安瀾
桃汛號報　大汛勞辦蟄[illegible]樹現在底水之下守
西岸石土堤埽各工亦一律穩固其歲後汛安瀾尚未[illegible]
桃汛甚緊加意巡防並[illegible]歲修及[illegible]工程[illegible]平穩
伏秋大汛亦[illegible]凡[illegible]
[illegible]台查核須御覽　秦[illegible]使[illegible]
三月十五日發

又
來事
敬[illegible]者[illegible]查[illegible]內[illegible]同治八年秋冬二季[illegible]
公費九千[illegible]八月[illegible]
[illegible]

示下八厘當經[illegible]首道府同治八年應撥案款及大工經費

節項收支數目均悉[illegible]所[illegible]續撥[illegible]銀兩[illegible]自應

復以案款內有[illegible]同治八年[illegible]三大工[illegible]三千兩撥

出和[illegible]當經[illegible]四百〇八兩零應行核扣等因查此項銀兩

與南北大工[illegible]款撥還未清[illegible]律[illegible]和[illegible]大工

[illegible]款內[illegible]歸還[illegible]庫理合[illegible]

達台[illegible]查核[illegible]

復敘，祗頌道安

三月十四日

養翁仁兄大人閣下：日前[illegible]貴臨快聆[illegible]

[illegible]乃以草草[illegible]及[illegible]款[illegible]

天放附言[illegible]心[illegible]大工[illegible]

案需人助理，業將防工書蓋伯翔於昨日赴省趕叩 台端，至三角廟西李河因趕辦以已兩年歷汛諸冊手續多，身肯往已飭其速來面呈詳經述。 謹再將兩年津貼一款核發，乃四百八兩零，濟捐所欠者，並速還，已具呈請●飭局速核於本工項下撥發，實一併以附陳，一面呈

吳督辦 未年

三月十七日

敬呈者，竊●●前將凌汛工程狀況平穩情由呈覽，達悉在案。茲查凌汛水勢既漲，各汛險工迭出，動用料物過多，所有堤儲要工存料，除廂埽搶由深外，不敷伏汛修守之用，必須預籌添購，以備防護之需，而前次由司撥到之二萬兩，業已採買稭蔴料草，隨時支發，所存已無多，至挑挖中洪下口之款，奉飭伊還，不日即當催辦，未敢挪動者

款可筹岁修一项拟作咨 部请费尚未奉到 部复未
便赴司请领而工用亟不及待又不得不仰乞
恩施饬司先将本年岁款如数筹拨一俟奉 部复准核如
归还所借库款以清款目 俯允所请乞即委员赴司请领
俾得借资周转以期有备无患不胜盼祷之至专此
敬请
勋安 三月廿九日

宫督宪 夫子

敬肃者。。前禀 勋佑 抚惶永定河中洪河段情形大概情形呈
台鉴在案兹于本月六日带同北三工汛弁料料。。
南四工固安县□李。。指署的营都司李。保南
岸千总李。。各员弁驰赴北工查看河形自霸家场
乘坐小舟至张家场一带约计十里许河段丈量河面
宽十六丈及十二三丈八九丈不等水深四五尺中间有

蕭心灘二堤自底龍灣取直自張家塘至吳家垻三里許水勢平漫並無河形以下至楊家墕三里餘河面寬七八丈水深四五尺由楊家墕以下撫至寶應窪迤东約長一千一二百丈一片平灘水面散漫寬約數里深者一二尺淺者僅數寸必須相度形勢挑挖河道俾得順流而下又從寶應窪迤東六道光二次無堤口至姜口以下約計水道不及四十里皆有河身量得口寬十丈至七八尺附近村莊人民詢有三四五丈者水深約四五尺據言從前二三尺現在水勢已微仍湧溜直下頗形暢順擬擇回灣稍為寬展取直疏濬俾得直趨尾閭又該有高郵伊湄之處實遵前估中堤河段現經復往查勘形勢安遷所估北三千九百餘丈[illegible]裁灣一段并將水勢由三工

土格北岸汛东堤对岸切坎及堤身残缺切坎一段
南岸上南厅十号工程之通判代冲刷无法挑挖
并请估南岸下汛中洪一段并饬估南岸之裁去二十四年
对岸裁湾文后，前经加情详准饬估，乃因情形无改依议
河中洪一段，择要挑挖，兼开并饬培修
裁湾，所有各挑中洪等，迄于日内饬令分委汛员前往
与工至今已须据实详报，俾免贻误
附呈清摺一扣

又

奏草

四月十八日

敬呈者，窃前经查勘永定河下游形势，并饬估中洪河段，俱请摺奏在案
兹据在事员弁禀称，于本月初五日前至南三南四北二三等工，详加履勘
查南岸南四原估中洪一段，计工长一百七十丈，于河北及河尾挑挖
形势稍有未顺，前请估河身长十丈，河北长宽十丈，河尾

挑挖灘六十丈北三原估中洪五段工長一百零六丈現亦係
估加長五丈河汛挑新舊挖灘二百二十丈均核與原估丈尺少有
增減已飭各本汛員弁照估挑挖於四月初十日興工○○隨時親往
督催統限二十日完竣俟驗收南三原估中洪一段現因該汛
員弁○○所辦新岸面業已剷除詳細添估南四北
三中洪何段另俟續摺奏報 建瓴由初口疏濬之工現
在水勢雖小全河尚未斷流昨復派弁前往下游常川查看核
計六百丈地方實屬逼窄一帶漫灘水最淺之處最為緊要尺寸
及尺再等寬約四五百丈一時實不能動工挑挖刻又派委
員弁在該處住宿巡視隨時察探一俟水涸即行分段核估
實係丈尺委員趕緊辦理合併陳明謹奏 計黑清摺一扣
四月廿三日

又

奏單

敬宗者○○前奏 筠批以河工律照原奏照例辦理所有永定河六年歲搶
修等款仍照年分別給領派員等回帶照章辦令三所查明

旧章会议章程，另明核以六七成发核议所等因，准此。查永定
河领款岁修、抢修、备防、运脚四项，除扣六分平及二两平并同次三
年改提下口借拨归款，每年摊扣银三千两外，实领司库平银
三万九千五百九十二两零。现当讲求整顿之时，应照实收之
数，严定章程，不准糜费丝毫，俾工归实用，而河务之银
渐有起色。岂〇〇等生人钧核，以秸料价为工用大宗，必须宽为
定数，至大汛期内防险及土具、汛房等项，亦须多备以资应用。
拟请每年实发一万又千六百五千两分饬乘时购料，实运到工。
其余转有酌减互留支杂款，有仍照旧者，亦有量为变通者，要
在节其繁重，节其浮增，以符公家之限制，无可含混，有所责成。拟
请每年实发银二万一千九百四十二两零，以视司库实数，似觉稍
溢，而较之六七成年已减五十七之两。此次变通办理，係为核实起见，
所有详拟年名目，概请裁除。等情。前到职，请单会衔前来。

詳加復核，該所等所議分列各款，均為工用攸關，必不可少之需費。
中間有稍浮者，業經量為核減，另有二節麋費刪，而將實用從收公議章
程四條清摺恭呈
憲鑒。伏乞
飭示祗遵。再查此年秋汛
前東岸有章程，轉停撥兩款，計銀一千七百二十兩，此現議各
款，實用銀三萬九千五百九十二兩零。核之實領部款，所餘無
幾，應請仍照此兩款，暫停撥扣，藉資周轉，實為公便。至本年東境添
撥銀二萬三千兩，專為疏濬中洪河口及修堤防險之需，業蒙
憲台奏明存案，應請動用，合併陳明。再此

五月初六日貴

又夾單

敬肅者。竊〇〇前將擬挖黃河中洪與工日期，並下口情形，稟
憲鑒在案。茲即於四月十九日試挖，下游黃流，河道查明已
澈，開可擇日動工，現已節節不停，而中洪進必日甚暢醒

未可再为延缓，当即督同厅汛暨委员等将应行疏浚之工逐细丈量，按照实深长宽核实估计土方。自杨家场村西起由王家坟六百地至黄庄窑村东止，计工长一千三百五十丈，共估土五万四千七百九十方零。遴委文武员弁，开阔分段，落实督催，照估挑浚。择于五月初一日兴工，饬限十日完竣。据厅汛收兼各出土分数随时禀报。兹于五月初十日驰往督办，初一日已一律挥锹，人夫云集，极为踊跃。兹将所疏浚下口河段勘估完竣长丈土方清折恭呈钧览，伏乞训示祇遵。再中洪河段现已挑至九分，日内可以一律挑竣，合併陈明。專此

五月初十日肃

又夫单

敬肃者：窃前将疏浚中洪工段兴工日期禀陈，肃鉴在案。连日督饬该汛员等实力抢办。兹据北三工汛二判郑衍恒禀回：

知之。承李侍尧奏呈称承挑截湾取直中洪子段，已於五月初六日一律告竣，惟河头（添挖）拦坝尚有二百余丈未经凿底，即日可以蒇事。於初六日亲往查看，逐细丈量，均照原估丈尺如式挑挖，并无草率偷减情弊，理合禀闻。宪台查核，除俟疏浚下口工程报完后再行禀请宪驾亲临验收外，合先此呈。

五月十一日禀

又禀

敬禀者，窃照承修宁河疏浚下口，业将分段派员挑挖兼兴工日期禀明宪鉴在案。兹据承挖各员弁等於五月初七日具报各段河道均已挖至五分，现仍趱紧挑浚。又据委员[illegible]禀称：查得宗堡起至张宗堡东有应裁鸡嘴滩六处，又现挑河尾以下有应行展宽挖深、切嘴之处，情形不一，统计工长五百〇千〇丈零，共估土〇千四百五十三方零，谨具清（摺呈送）核办。复加详勘，均係必不可缓之工，当即饬令该员弁集

支挑办務与各河段同時挑竣不日稍有遲延現已竣工办理詳
將原估工段丈尺土方開具清摺恭呈　憲覽仰乞　訓示祗遵
又奏并
敬啓者當照永定河疏濬中洪下口前將開工日期並估河段先後等因（尤月十五日賞）
憲鑒在案。。自開工以來督飭文武員弁實力趕办並將疏挑各
員隨時呈報完竣前來職會同南北三承汛裁汛等工業
於月初旬查驗全挑隨於本月十三日馳赴下游周歷各段逐細
丈量自楊家場村西起由馬家鋪六百地至寶店窰村東止
計工千三百五十丈均各按照原估寬深長丈及式挑挖一
律完竣並無草率偷減情弊刷勢亦極暢通至霍家
塲以下灘工勘工竣遲此次復勘寶店窰以下尚有裁灣
切坎工段均約二三日內可以藏事理合先行稟請
憲駕親臨驗收　指授機宜俾。。遵循有自不勝翹盼禱之至

又禀草　　五月十八日發

敬禀者竊○○前將踩濬永定河中洪下口等工完竣緣由禀呈

鈞鑒並聲明恭迎　憲駕親臨驗收在案茲有下口霍家場以下濬

工及霍家莊以下續估裁灣切坎工段現經派挑各委員加緊趕

辦於本月十七日一律挑竣並將原估續估土方數目繕具清摺呈

送前來○○復加查驗均屬如式挑挖一律告竣並無

草率偷減等弊所有續估工段丈尺土方理合繕具清摺恭呈

憲覽仰祈　憲駕親臨一并驗收　祗求示遵○○再禀

又　　五月初九日發

敬禀者竊○○於五月初八日赴工防守大汛並經呈明　憲台在東關駐

初四日會同委員劉道馳赴下口查驗踩濬各工即於本月四汛

初七初八兩日上游疊報長水已至一丈四尺有奇初九日辰刻

又據報到初八日未申兩時陡長五尺積至水深丈

九尺以寸水勢浩瀚全河大溜奔騰洶湧异常各汛俱屬搶險
而三工六號十四號而四工九號十二十八等號而五工十號十七
號水上埽段各埽蟄動均形喫重。○督飭廳汛員弁加意防守分
投搶護已在常置間搶辦三角堤通判朱偉字報而五工三十
七號溜逼埽工跪埽潰堤情形十分危險等因。○當即飛
飭外委兵目等趕緊挂柳捲由設法保護搶辦以擋狂瀾一面親往督辦務
當竭力搶救以擋狂瀾惟現在水已續漲有長無消該汛堤埝單
薄深恐水勢極高殊覺吃重之處據報上聞　福啟代繕再稟
當即飛速馳單先將大汛長水搶險情形掌報
憲台查核　初示派差之兩中
鈞鑒　仁白字
字南岸五工十七號漫溢成口由　六月十一日發
竊字者前。○蓋收承宣河道日疊次長水各汛均屬搶險分飭趕

緊搶護情形等因。來營在途查南三至六號、十四號南北
北岸十二、十六等號埽上埽面各埽蟄動，均形吃重。。並據防廳
各員竭力搶護，惟因衛臨穩實，因南岸風狂，致十七號情形
較重，當即馳往督辦，途次接據三角淀通判朱○等稟報：南岸工
十七號於初八日水長溜急，埽段走失，刷堤身間斷漫
水，十分危險，當督帶汛員弁兵，多集村民，趕買土料，加高子埝，
竭力[illegible]
一面掛柳搶護，由多方搶護，尚未初九日黎明水又續長不已，北
風大作，陣雨猥至，浪勢騰空，越過堤埝，頂大溜屬而過，口
門刷至二十餘丈，實屬搶護不及，人力難施，據實稟報等情。。
據閱之下不勝焦急，當即馳至十七號查看，猶冀人力可施，並無
漫口，業經奪溜，口門已刷至二十餘丈，無可搶救。。仰蒙
委任兢惕，時深所有險要各工處處加意防守，多備料物，添辦
工程格外講求，以冀力保安瀾，乃於　高廣于某一乃有此

大汛因水勢盛漲漫越堤埝務由河身過高堤埝過甲所有各閘
壩全行堵閉水無分消之處河中不能容納所致任。。統轄
全河修守疏于防範甚大挽狂闊孤負　朕恩實屬罪戾悖有
何辭　據實參奏三角淀通判朱。南岸工承修之處
係。該司河防營無可諱相應等該
十四年秋　伏祈參奏現在。。趙(?)備料物飭調撥過工程應汛
員弁盤築裏戧以防續塌除仍飭上游各廳汛加意防護
並稽疏濬外合將南岸二十七號漫口情由先由六百里
馳奏　伏乞皇上睿鑒　謹奏
同者
又加單
欽奉上諭者竊。。自顧猥材仰蒙　委任到任以來兢兢業業力求整頓
所有防守疏濬事宜無不竭盡心力親督辦理以冀勉圖報
稱不意汛水驟漲莫挽狂瀾以致南岸二十七號漫溢失事獲咎

救不及實屬孤負 鴻恩自當設法堵合以補前愆惶○○素
於河務不甚諳習現雖亦竟講求不能得其要領汛期
正長轉瞬無論大工在在均關緊要非此弗克勝任願趁時
實可不仰懇 恩施迅飭予擬任遴選熟悉工程賢員
接署是為大工裁 成實無既擬乎 三角淀通判朱○
註防南七大堤連日河水暴漲南七堤埽蟄重隨時督同
汛員搶護未能迅速南五險工得從緩遲以致星飛前
往十七號而勢業已漫溢堤埝不及設法搶救情尚可原似與
尋常疏忽者有間查同治七年南四十七號失事廳汛分別議
處案南岸同知余○○革職留任南四工固安縣丞革職留工効
住 奏準在案可否仰求 法外之仁將三角淀通判朱
要分量從寬減摘案撤頂之處出自 鴻恩冒昧瀆陳
惶無地謹再具摺伏乞 聖鑒

又
咨白字

為委員暨籌南五工十七号襄汛興工日期由　六月十六日

敬啟者：前准咨開永定河因凌水陡漲，南五工十七號漫溢，飭迅堵築等語，業經奉覆在案。○○一面札委石景山同知王○○、三角淀通判朱○、督署都司吳○、守備李○馳往南五工漫口處所，詳細勘估，堵築襄汛，並將該處善後工程一併估辦。南五工漫口兩填築，既據實估需銀一千五百八十兩。該口業經下游刷日寬大等情。○○詳加覆核，雖據稱核實估計，第每處仍有浮冒，但為此次歉大之後，民力不能，不求核節，量為核減，復與承估各員籌議，核減去銀二百二十餘兩，計實需銀一千三百五十餘兩，應令存儲，當即發給，俾得購買料物、秸料蔴斤，於本月十五日興工，並飭令趕緊堵築，務須妥速堅實。○○仍隨時親往督催，以期工歸實用，再由○○先行籌墊。現查道庫所存均有指款，未便挪用，實屬無款可籌，不得已將報存之部頒冊費槽倉內暫行歸大工，銷算撥還歸補。再此次漫口被水各村庄，當派武弁並飭永清縣查明，據永清縣李令稟稱，查勘得被淹郭家務等二十一村，田禾被淹，人口無傷，村內積水深二三尺不等，民情尚屬安帖，業經飭該廳趕緊設法疏消，安插災黎，合併陳明。又據南岸二十七號委員楊榮稟報，與上日所報相合等語。

來信查核可也。

又仁白字

查南岸五工十號漫溢緣由

六月廿九日

敬稟者，竊若霖。昨據南岸五工十丈號委員鄒榮稟稱，與上日所稟相符。查該案連日督飭該員等督同弁兵集夫購料，堅築堤基，幫做邊埽，往東查看該汛十號舊險迤西老灘距堤約有二三十丈，自十六號漫口後河水日漸偏南，越老灘逐漸汕塌，雷經督飭廳汛員弁搶由挂柳接廂埽段，趕做防護，竭力以為保護。乃於六月二十三日未時風雷大作，大雨傾盆，連宵達旦，直至二十四日申時方止，河水又復驟長，老灘已刷役無存。南坎忽生出灘嘴，挑水由北坎折回，逼溜直注南堤頂衝入袖，土性純沙，大溜洄漩，立刻全隳，勢不能支，形勢十分危險，即飛調堡兵夫，高築搶護，不惜重價，購買土料，多方搶救

長約水深二丈有餘堤埝坐潰二十五六日風雨不時至五北又陡長
挂柳所漂失樓由上六汛沒殆竭の晝夜力保防守高水
添不能得手無法挽回於二十六日戌刻漫溢李家口門約三十
餘丈實屬人力不能勝天仍○○搶救無方咎戾深甚惟有據
實具請　憲台察奏三角淀通判朱□署南岸主簿張陳紹之
延飭補　主簿○○飭司查將督辦人員難辭處議一並　奏參惟
○○○於六月二十日接印到任甫經七日（此次搶險日夜在工不遺餘力）未署之先周知要工等語實堪
忽着不因應否量予減免伏乞　憲裁至南岸上汛十八號堤裏汛
工程昨據報已有三分因數日內調撥堤上長夫搶護該汛十號之
險是以堵築稍遲現在已成旱口隨後再行補還原堤無庸
堤裏已飭委在案此同知○○○三角淀通判○○暨署都司○○
趕十號上門堤裏做月堤寬至此次漫口水由堤外走二三里